TCP 是怎样工作的

TURING
图灵程序
设计丛书

[日] 安永辽真 中山悠 丸田一辉 / 著　　尹修远 / 译

How
TCP
Works

U0265363

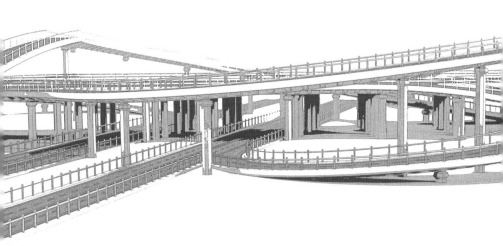

人民邮电出版社
北　京

图书在版编目（CIP）数据

TCP是怎样工作的 / (日) 安永辽真, (日) 中山悠, (日) 丸田一辉著; 尹修远译. -- 北京: 人民邮电出版社, 2023.3（2024.5重印）
（图灵程序设计丛书）
ISBN 978-7-115-61074-4

Ⅰ.①T… Ⅱ.①安… ②中… ③丸… ④尹… Ⅲ.①计算机网络－通信协议 Ⅳ.①TN915.04

中国国家版本馆CIP数据核字(2023)第003933号

内 容 提 要

本书以图配文，通俗易懂地讲解了长期不会过时的 TCP 技术。其中，第 1 章至第 3 章讲解了 TCP 的基础知识，详细梳理了 TCP 的发展历程，并以丰富的图例展示了 TCP 数据传输的基本思路和过程；第 4 章至第 6 章着重介绍了 TCP 中极为重要的拥塞控制技术，通过图表、公式和模拟实验讲解了 TCP 拥塞控制的运行机制和热门算法（CUBIC、BBR 等）；第 7 章讲解了 TCP 前沿的研究动向和今后的发展方向，涉及 5G、物联网、数据中心、自动驾驶等内容。

本书理论与实践相结合，在详细讲解 TCP 原理后，还引领读者搭建模拟环境，使用 Wireshark 和 ns-3 等工具模拟 TCP 的运行机制，观察拥塞控制算法的执行，并辅以伪代码，帮助读者全面理解 TCP 技术。

本书适合网络开发和管理人员，以及对 TCP 基础知识及其运行机制感兴趣的人士阅读。

◆ 著　　　[日] 安永辽真　中山悠　丸田一辉
　　译　　　尹修远
　　责任编辑　高宇涵
　　责任印制　胡　南
◆ 人民邮电出版社出版发行　北京市丰台区成寿寺路11号
　　邮编　100164　电子邮件　315@ptpress.com.cn
　　网址　https://www.ptpress.com.cn
　　北京七彩京通数码快印有限公司印刷
◆ 开本：880×1230　1/32
　　印张：9　　　　　　　　　　　2023年3月第1版
　　字数：277千字　　　　　　　2024年5月北京第5次印刷
　　著作权合同登记号　图字：01-2020-3603号

定价：69.80元
读者服务热线：(010)84084456-6009　印装质量热线：(010)81055316
反盗版热线：(010)81055315
广告经营许可证：京东市监广登字20170147号

作者的话　难度与趣味并存的 TCP

本书是一本入门书，聚焦于近年来日趋受到关注的 TCP（Transmission Control Protocol，传输控制协议）技术，详细解说长期不会过时的 TCP 基础知识和 TCP 前沿的研究动向。

50 年前，计算机界发生了两起革命性的事件。其一是，世界上首个采用分组交换技术的计算机网络阿帕网（Advanced Research Projects Agency Network，ARPANET）建设完成。阿帕网项目旨在解决以往采用线路交换技术的计算机网络中存在的问题，具有划时代性。其二是，AT&T 公司（美国电话电报公司）旗下的贝尔实验室研发了 UNIX 操作系统。在那之后，UNIX 操作系统不仅为阿帕网所用，更成为首个默认搭载 TCP/IP（Transmission Control Protocol/Internet Protocol，传输控制协议 / 互联网协议）的 OS（Operating System，操作系统）。

从那以后，TCP/IP 协议就一直是计算机网络的基础技术。50 年来，无数个通信协议被提出，但其中大部分已经被废弃，因此 TCP/IP 能如此长寿，属实惊人。

与 IP 协议相比，TCP 协议有两点对于初学者并不友好。第一点是"构成逻辑复杂"。TCP 为了确保传输可靠性，加入了一系列风险规避算法。第二点是"技术更新快"。2016 年谷歌提出了新的拥塞控制算法，以小见大，由此就可以看出 TCP 至今仍在不断地发展。究其原因，主要是 TCP 是应用程序端与网络端之间的桥梁。也就是说，TCP 必须随着应用程序与网络的发展，与时俱进地更新技术。

应用程序在这 50 年里飞速发展。优步（Uber）与爱彼迎（Airbnb）的出现打破了出租车行业与酒店行业的传统产业结构。在它们之后，类似的应用软件层出不穷，深入到各行各业。今后，随着 5G（5th Generation，第 5 代移动通信）、物联网（Internet of Things，IoT）和自动驾驶等新技术的发展，想必也会有各种各样的新应用不断出现。一方面，随着应用程序的发展与变化，人们对 TCP 的要求无疑也会不断变化；另一方面，网络技术的不断发展也暴露出 TCP 中潜在的一些问题。举例来讲，不断有报告称，随着网速的提高和网络设备缓存容量的增大，TCP 的带宽利用率显著下降，同时也有许多与之对应的新解决方案被研究和提出。显而易见，今后的 TCP 也一定会随着应用程序和网络的发展而不断进化。

目前，市面上已经有很多优秀的图书着重解决前文所述的两大难点中的第一点"构成逻辑复杂"，但对于第二点"技术更新快"，也就是 TCP 前沿的研究动向，却很少有图书涉及。例如，在 TCP 拥塞控制算法方面，大部分技术书对 Reno 算法进行了介绍，却没有介绍当前的主流算法 CUBIC。换句话说，如果想要了解 TCP 前沿的发展情况，就必须阅读 RFC（Request For Comments，请求评议）文件、论文或者源代码。这对于初学者来说是一个相当高的门槛。

于是我们撰写了本书，旨在以浅显易懂的方式，从基础知识到前沿研究动向，尽可能全面地为初学者介绍 TCP。尤其是对于更新较为频繁的拥塞控制算法，本书特意采用了大篇幅来详细说明。另外，本书也提供了可供下载的模拟环境，以帮助读者进一步理解 TCP 的技术理论。读者可借助 Wireshark 和 ns-3，自行配置各种条件来研究和观察 TCP 的机制。各位读者在实际模拟的过程中，可能出现符合预期的结果，也可能出现超出预期的结果[①]。当出现超出预期的结果时，请仔细思考原因，反复实验，直到结果正确为止。如果能重复这个过程，相信读者一定会对 TCP、对计算机网络有更深入的理解。

作者代表 安永辽真

2019 年 6 月

---

① 笔者在进行模拟时得到的通常是超出预期的结果，如果只模拟一次就得到了符合预期的结果，反倒会不放心。

本书的结构

如图 0.1 所示，除前言外，本书共有 7 章。

首先，第 1 章到第 3 章全局性地总览 TCP 的基础知识。第 1 章概述计算机网络的基础知识，以及 UDP（User Datagram Protocol，用户数据报协议）与 TCP 之间的差异。第 2 章介绍 TCP 诞生的背景。第 3 章讲解 TCP 协议的设计方法。

接下来，第 4 章到第 6 章深入挖掘 TCP 的核心技术——拥塞控制。第 4 章概述拥塞控制的基本思想，以及迄今为止所提出的各种拥塞控制算法。第 5 章和第 6 章重点介绍近几年来最重要的拥塞控制算法 CUBIC 和 BBR。

最后，第 7 章介绍 TCP 前沿的研究动向和今后的技术发展。

此外，每章末尾列有部分参考资料，如需了解更详细的知识，请查阅相应的参考资料。

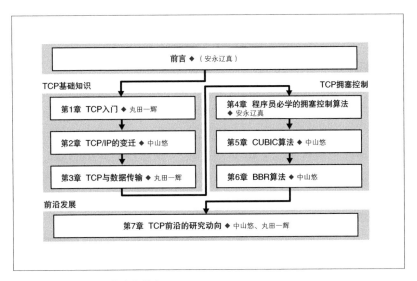

图 0.1 本书的结构及各章执笔人

本书的目标读者

本书主要面向对于 TCP 基础知识和其前沿发展情况感兴趣的读者。要想充分理解本书的内容，读者需要具备基础的高中数学知识。具体来说，只要能理解以下几个概念，那么学习本书就没有问题。

- 等号和不等号
- 集合符号（如 ∈。∈ 代表左侧属于右侧）
- 逻辑符号（如 ∀。不过 ∀ 不在日本高中数学的范畴，它代表"任意"）
- 幂运算
- 对数函数
- 指数函数

此外，本书将在讲解拥塞控制算法的章节中使用伪代码，同时也会使用终端命令进行模拟，因此读者如果有编程经验，理解起来会更容易。但是，只要按照顺序认真阅读，其实伪代码也不难理解，而对于终端命令，即使不了解具体含义也无妨，所以哪怕是没有编程经验的读者也无须担心。

本书模拟所用的技术

为了进行模拟，本书使用了若干技术。具体来说，我们使用 VirtualBox、Vagrant 和 X Window System 构建环境，使用 Wireshark 抓包，使用 ns-3 进行具体的网络模拟，使用 gnuplot 绘制图形，使用 Python 分析数据，使用 shell 脚本运行终端命令。每一项技术都很有深度，值得用很长篇幅来详细介绍。但由于本书篇幅所限，模拟所用的技术在本书中都只会点到为止，简单介绍。

另外，如前文所述，本书的主要目的是方便初学者快速理解 TCP 的理论知识。尽管书中会使用 Wireshark 和 ns-3 进行网络模拟，但那只是为了加深读者对理论知识的理解，因此本书并不涉及实际的实现方法与步骤。利用了 TCP 技术的系统实现或者网络编程方面的技术，本书并不涉及，请阅读相应的参考书进行学习。

本书所需的运行环境

本书内容在以下环境中进行了验证。模拟基本上是通过虚拟机进行的，因此只需搭建出如下所示的 VirtualBox、Vagrant 和 X Server 的环境，那么在 masOS 以外的环境中也可以顺利完成模拟。

- OS：masOS Mojave 10.14.3
- 处理器：2.9 GHz Intel Core i7
- 内存：16 GB 2133 MHz LPDDR3
- VirtualBox：6.0.4r128413
- Vagrant：2.2.4

本书内容也已在如下的 VirtualBox 虚拟机环境中进行了验证。

- Ubuntu：16.04
- Wireshare：2.6.5
- ns-3：3.27
- Python：3.5.2
- GCC：5.4.0
- make：4.1

截至 2019 年 4 月 1 日，ns-3 的安装向导并没有适配 Ubuntu 18.04，因此本书使用 Ubuntu 16.04。第 5 章和第 6 章使用的 CUBIC 和 BBR 模块没有适配 ns-3.28 及以上的版本，因此本书使用 ns-3.27。此外，Python 使用 PEP 8-Style Guide for Python Code 作为代码规范。

用于模拟的环境的搭建

下面，我们将介绍如何搭建用于模拟的环境。本书使用 VirtualBox 和 Vagrant 搭建虚拟环境，并通过 X Window System 在虚拟机中运行 GUI 应用程序。

━━━━关于命令运行

本书使用终端程序运行命令，以便完成模拟。终端程序类似于 Windows 中的命令行提示符和 macOS 中的 Terminal.app，这些应用程序都是通过在 GUI 中打开终端窗口来运行命令的。本书在终端中运行的命令主要表现为以下形式。

```shell
$ echo 'hello world'
> hello world
```

以 $ 开头的部分主要代表输入的命令，以 > 开头的部分代表标准输出。本书以使用虚拟机为主，在物理机上运行的命令以 $ 开头，在虚拟机上运行的命令以 { 登录用户名 }@{ 虚拟机名 }:{ 当前目录名 }$ 的形式展示，例如 vagrant@ubuntu-xenial:~$。

━━━━获取源代码

本书进行模拟所用的源代码，可以通过以下网址来获取。直接下载 zip 文件，或是通过克隆（clone）都可以获取源代码。

URL https://github.com/ituring/tcp-book

━━━━Oracle VM VirtualBox

Oracle VM VirtualBox 是一个 x86 虚拟机软件。宿主操作系统（运行 VirtualBox 的物理机 OS）支持 Windows、Linux、macOS 和 Solaris。在虚拟机上运行的客户操作系统支持 Windows、Linux、OpenSolaris、OS/2 和 OpenBSD。Web 开发工程师会使用 VirtualBox 作为服务器端或客户端的验证环境，网络工程师也会用它来构建验证网络的环境。本书为了统一用于模拟的环境，使用 VirtualBox 和 Vagrant 搭建虚拟环境。后文将针对 Vagrant 进行介绍。

下面介绍如何安装 VirtualBox。在笔者执笔时（2019 年 4 月），从 VirtualBox 的官方网站可以直接下载与宿主操作系统适配的安装包。运行安装程序即可完成 VirtualBox 的安装。

在 macOS 系统下，打开终端程序（例如 Terminal.app），运行以下命令，只要终端上输出了相应的版本号，就可以确认 VirtualBox 已成功安装。请注意，所用环境不同，终端上显示的版本号也可能不一样。

```shell
$ VBoxManage -v
> 6.0.4r128413
```

————Vagrant

Vagrant 是虚拟环境的自动配置工具。它基于 Ruby 开发，支持在 Debian、Windows、CentOS、Linux、macOS 和 ArchLinux 上运行。只要能共享 `Vagrantfile` 配置文件，就可以轻松地统一虚拟环境。前文所述的源代码的下载网址中提供了本书所用的 `Vagrantfile` 文件，读者使用此文件可以轻松地构建出用于模拟的环境。

在笔者执笔时（2019 年 4 月），点击 Vagrant 官方网站的 [Download] 按钮，页面会跳转到安装包的下载界面。请根据所用环境选择相应的安装包，下载完成之后运行安装程序，以便完成安装。

在 macOS 系统下，请在终端程序（Terminal.app 等）中运行以下命令。如果输出了相应的版本号，就说明 Vagrant 已经安装完毕。请注意，所用环境不同，终端上显示的版本号也可能不一样。

```shell
$ vagrant -v
> Vagrant 2.2.4
```

————X Server

本书在客户操作系统上使用 X Window System 运行 Wireshark，因此需要在宿主操作系统上搭建 X Server 环境。在笔者执笔时（2019 年 4 月），在 macOS X Serra 系统下可以通过 XQuartz 项目的官方网站获取 X11 Server（X11.app）。请注意，如果使用其他操作系统，获取方式有所不同。

为了验证 X Server 的运行情况，请启动虚拟机上的 GUI 应用程序。首先，请打开已下载的本书源代码，定位到 `wireshark/vagrant/` 目录，然后运行以下命令。

```shell
$ vagrant up
```

这样，第 4 章所用的 Wireshark 虚拟环境就搭建完成了（可能会花费一点时间）。接下来运行下面的命令，进行 SSH 连接，启动 xeyes。

```shell
$ vagrant ssh guest1
> Welcome to Ubuntu 16.04.5 LTS (GNU/Linux 4.4.0-139-generic x86_64)
>
> * Documentation:   部分省略
> * Management:      部分省略
> * Support:         部分省略
>
> Get cloud support with Ubuntu Advantage Cloud Guest:
>  部分省略
>
> 0 packages can be updated.
> 0 updates are security updates.
>
> New release '18.04.1 LTS' available.
> Run 'do-release-upgrade' to upgrade to it.

vagrant@guest1:~$ xeyes
```

请确认是否有如图 0.2 所示的两个眼球出现。如果有，请运行以下命令，暂时退出虚拟机以停止运行。

```shell
vagrant@guest1:~$ exit
$ vagrant halt
```

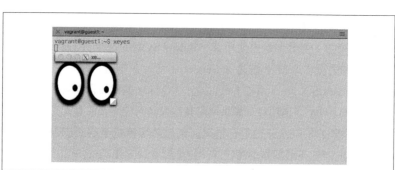

图 0.2 xeyes 的运行结果

致谢

本书能够完成写作，幸赖很多朋友的帮助。从笔者开始构想本书之时，唐仁原骏先生便提出参考意见，后面还与我们一起确认模拟环境的运行情况。大阪大学研究生院工学研究科的久野大介先生参与了本书的校对和审阅。从本书的策划组稿到写作进度管理，技术评论社的土井优子编辑给予了我们很多帮助。衷心感谢一直以来支持着笔者的家人们。真的万分感谢各位。

关于本书主页

各位读者可以通过以下网址访问本书的支持页面。

URL ituring.cn/book/2851

目录

第 **2** 章

TCP/IP的变迁

第 3 章

TCP与数据传输
实现可靠性与效率的兼顾 65

第 4 章

程序员必学的拥塞控制算法

第5章

CUBIC算法

第**7**章

TCP前沿的研究动向

第 1 章

TCP 入门

确保传输可靠性

互联网是全世界拥有通信功能的设备互相联通所构成的网络。所有设备并非各行其是地随意运作，而是遵循着同一套规则。这套规则称为协议，是全世界通用的标准。

通信是靠多个协议分层运作而实现的。TCP 是其中一个协议，主要承担"确保传输可靠性"的重要职责。

本章将首先概述实现网络通信的各个协议，明确传输层的职责和特征，然后介绍本书的主题之一——TCP 的基本功能。

1.1

通信与协议

OSI 参考模型、TCP/IP 和 RFC

所谓协议，其实是多种多样的。根据层级选择相应的协议，便能按照应用程序的要求实现通信。

本节将概述通信协议的总体情况。

OSI 参考模型

设备间的通信方式，其实和人与人之间的交流方式基本一致。举例来说，听不懂方言，双方便无法沟通，但如果使用普通话，双方就可以沟通（图 1.1）。只要全世界的交流语言互通，不因国家和地区而不同，那么全世界的人们就可以无障碍交流。

图 1.1　使用互通的语言交流

语言互通靠普通话，而通信设备互通，靠的是 **OSI 参考模型**。OSI 是 Open System Interconnection（开放式系统互连）的简称。OSI 参考模型由国际标准化组织（International Organization for Standardization，ISO）制定，

它支持互通的功能分层设计，能够使不同的设备具备相互通信的能力。

　　将协议分层后，软件开发者就只需针对具体的层所负责的功能，专注开发其专有逻辑即可。如此一来，不仅降低了实现难度，同时也将责任划分得更为具体。下面，我们先简单介绍一下各层的职能。

──── [第 7 层] 应用层

　　应用层主要定义各个应用程序中使用的通信协议。例如，实现网页浏览的 HTTP（Hypertext Transfer Protocol，超文本传输协议）、实现文件下载的 FTP（File Transfer Protocol，文件传输协议）、实现 IP 地址自动分配的 DHCP（Dynamic Host Configuration Protocol，动态主机配置协议）、实现互联网域名与 IP 地址关系对应的 DNS（Domain Name System，域名系统）、实现网络设备时间同步的 NTP（Network Time Protocol，网络时间协议）、实现电子邮件收发的 SMTP（Simple Mail Transfer Protocol，简单邮件传输协议）和 POP（Post Office Protocol，邮局协议），以及实现远程计算机操作的 Telnet 等。

　　举例来说，在 HTTP 协议中，客户端计算机的 Web 浏览器为了获取 Web 服务器上的 HTML（HyperText Markup Language，超文本标记语言）文件，会发出请求（GET 请求），而服务器则会返回响应内容，最后客户端完成 HTML 文件、样式表和图像数据等的下载（图 1.2）。

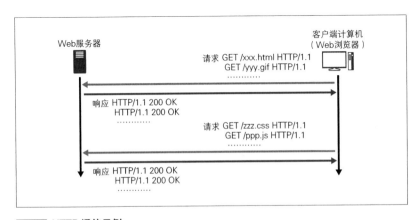

图1.2 HTTP 通信示例

──── [第 6 层] 表示层

表示的英文是 presentation，它的意思是表达、表现，指的是一种向对方传递信息的方法。字符的编码方式，图像或视频的压缩方式，以及数据的加密方式种类繁多，**表示层**所负责的正是将应用程序中这些特定的数据格式转换为通信设备间可以互相理解的、可在网络上互通的格式。

例如，不同的应用程序使用的字符编码方式各不相同，具体有 UTF−8、UTF−16 和 GBK 等。将它们转换为可在网络上互通的数据格式，便可实现编码方式各异的应用程序间的数据通信。

其他的协议包括图像压缩格式 JPEG（Joint Photographic Experts Group，联合图像专家组）、视频压缩格式 MPEG（Moving Picture Experts Group，动态图像专家组）和音乐文件格式 MIDI（Musical Instrument Digital Interface，乐器数字接口）等。

──── [第 5 层] 会话层

会话的英文是 session，通常是指用于管理数据通信从开始到结束整个过程的一个基本单位。

会话层负责管理通信连接。通信连接是由各应用程序在收发数据时发出的请求（request）和响应（response）建立起来的。也就是说，会话层负责为各应用程序建立逻辑通信链路。以 HTTP 为例，在用户浏览一个 Web 页面的过程中，从发出获取 HTTP 文件的请求到 HTTP 响应的一系列数据收发过程称为一个会话。

如图 1.3 所示，Web 浏览器、电子邮件收发系统和游戏程序的数据通信是分别在不同的会话中被管理的[①]。

---

① 在 OSI 参考模型中，虽然会话层定义了若干个协议，但这些协议并非独立运作，而是像 HTTP 协议一样，作为应用程序的功能之一直接实现在应用程序之中。

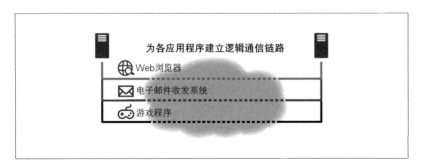

为各应用程序建立逻辑通信链路

Web浏览器

电子邮件收发系统

游戏程序

图 1.3 会话

———[第 4 层] 传输层

传输层负责建立或断开**连接**（connection），并按照应用程序的要求使用不同的方法转发数据。所谓连接，指的是在会话中，为了进行数据转发而维持的端到端的逻辑通信链路[①]。

传输层主要有两种协议：确保可靠性的 **TCP 协议**和确保实时性的 **UDP 协议**。

各应用程序或会话中会建立一条或多条连接。一条也好，多条也好，都是作为逻辑通信链路执行处理的，而在其下层的数据传输中，可以使用任何介质或线路。

此外，传输层会忽略应用程序转发过来的数据长度，直接将数据分割为适合下层传输介质的长度并转发。分割数据的基本单位在 TCP 中称为报文段（segment），在 UDP 中称为数据报（datagram）。从 1.2 节开始，我们将对此进行详细介绍。

———[第 3 层] 网络层

网络层负责管理地址、选择路由和把数据发送到目的地。网络层的代表协议是 IP 和 ICMP（Internet Control Message Protocol，互联网控制消息协议）。支持这两种协议的通信设备主要是路由器（router）和 3 层交换机（Layer 3 switch，也称为 L3 交换机）。

---

① "连接"和"会话"非常容易混淆，请务必注意两者的区别。

网络由多台路由器、交换机互相连接而成，数据经由这些设备被不断转发。网络上的所有通信设备都会被分配一个 IP 地址，它的功能相当于居住地址。此外，这些设备都保存着诸如"接下来将数据发送到哪台设备，数据才能到达最终的目的地"的路由信息。网络层的职责就是基于路由信息，将待发送的数据发送给正确的接收方（图1.4）。

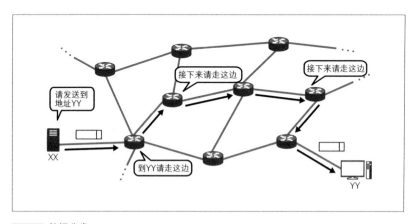

图1.4 数据分发

在发送数据时，基本单位是称为 IP 包（packet）的小数据块。使用 IP 包发送数据有很多优势。举例来说，当通信链路发生故障导致一部分 IP 包丢失时，只需重发这些丢失的 IP 包便可解决问题[①]，其他的 IP 包则可通过备用链路顺利完成传输。

但是，即使有数据在转发的过程中丢失，网络层也不会进行数据重发，因为这是上一层，即传输层的职责。

另外，为了完成数据分发，各路由器和通信设备需要提前获取网络路由信息。由于手动配置网络路由信息的工作过于烦琐，所以人们设计了应用层（第7层）协议 RIP（Routing Information Protocol，路由信息协议）和 BGP（Border Gateway Protocol，边界网关协议），以实现路由信息的自动配置。

---

① 严格来说，这里主要是通过 TCP 协议重发 TCP 报文段。

专 栏

IP 地址

　　IP 协议有 IPv4 和 IPv6 两个版本。两者最主要的差异是包含的地址数量不同。地址数量又称为地址空间（address space）。人们最初使用的 IPv4，其地址由 32 位二进制数表示。随着通信设备逐渐增加，可使用地址逐渐枯竭，所以出现了地址扩展到 128 位的 IPv6 协议。

　　IP 地址根据用途不同，有多种使用方法。我们先来看格式，IPv4 地址的格式是"xxx.xxx.xxx.xxx"，也就是由 4 个 3 位数加上用于分隔的"."组成。这是我们常见的 IP 地址。在这种形式的 IP 地址中，高位部分称为网络地址，低位部分称为主机地址。网络地址主要用来标识网络（区域），而主机地址用来标识网络内部的具体设备。

　　网络地址和主机地址根据所在的网络规模不同，有 5 种划分方法（图 C1.1）。A 类地址的主机地址部分较长，通常适合大规模网络。与之相对，C 类地址主要适合小规模网络。以固定电话号码为例，网络地址和主机地址分别相当于区号和座机号。D 类地址专门用于 IP 多播，而 E 类地址则是预留给未来的。

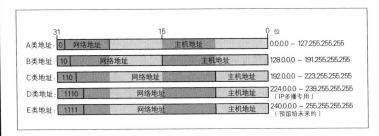

图 C1.1 IP 地址的分类

　　此外，每一类地址都有"公有地址"和"私有地址"之分。公有地址是分配给所有接入互联网的设备的 IP 地址，而私有地址是分配给办公室或者家庭内部的 LAN（Local Area Network，局域网）之类的，位于局部网络中的设备的 IP 地址。表 C1.1 中记述了几类地址中私有地址的范围，在这个范围之外的就是公有地址。通过划分范围，私有地址可以被重复利用（图 C1.2），我们可以在有限的地址空间中尽可能地为更多的设备分配 IP 地址。

表 C1.1 私有地址的范围

分类	范围	网络数量
A 类地址	10.0.0.0 ～ 10.255.255.255	1
B 类地址	172.16.0.0 ～ 172.31.255.255	16
C 类地址	192.168.0.0 ～ 192.168.255.255	256

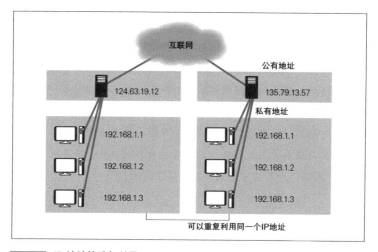

图 C1.2 IP 地址的重复利用

IPv6 的地址分配方法基本上与 IPv4 一致。由于篇幅有限，本书无法一一列举。IP 地址本身涉及许多规则和用法，想要详细了解的读者请务必阅读专门的参考书学习。

——[第2层] 数据链路层

数据链路层为物理上互相连接的两台设备提供通信功能。例如，一台台路由器之间的通信就是通过它来实现的。此外，连接这样的两台设备并传递信息的线路称为**链路**（link）。数据链路层将由 0 与 1 的位序列构成的数据组合成数据**帧**（frame），并按照规定的步骤完成信息的收发。

通信流程的标准有许多种。其中，常用于办公室和家庭的有线 LAN 所用的标准统称为**以太网**，它的细则详见 IEEE 802.3 标准。另外，无须 LAN 电缆，只通过电波便可以通信的无线 LAN 现在也广泛普及。这种通信方式基于 IEEE 802.11 标准。

有些标准具有一些机制，能在链路中发生信号丢失时进行一定程度的弥补。这称为**介质访问控制**（Medium Access Control，MAC）。例如，在 IEEE 802.3 标准下，如果信号接收方同时收到多台路由器的信号，就会发生信号冲突，从而导致无法准确还原数据。因此，信号发送方需要事先预测数据到达的时间点，然后调整发送时间以规避此类问题；在已经发生了冲突的情况下，则以数据帧为单位重发数据；但是，如果冲突仍然无法规避，且频繁发生，那么就会放弃在数据链路层重发数据，选择交由上层更可靠的重发协议进行处理。

WAN（Wide Area Network，广域网）中专用网络的通信所用的 PPP（Point-to-Point Protocol，点对点协议），VPN（Virtual Private Network，虚拟专用网络）中使用的 PPTP（Point-to-Point Tunneling Protocol，点对点隧道协议）和 L2TP（Layer 2 Tunneling Protocol，第 2 层隧道协议）也在数据链路层。

━━━[第 1 层] 物理层

物理层负责将二进制位序列转换为电信号或者光信号，并通过同轴电缆、空间或者光纤等介质[①]完成信息的传输。

在 LAN 线缆上常见的 10 BASE-T 和 100 BASE-TX 等标识是其物理层规格的名称。如同这些名称所示，可通信数据量取决于线缆等介质。

在无线传输的情况下，信息传输的介质是"空间"，因此这种介质没有特定的名称。但是，因为信号是被编码到电波中进行传输的，所以信号要使用的电波频率（**载波**）和可传输的数据量（**带宽**）需要人们事先以法律法规的形式确定好。这是因为无线传输是以空间为介质实现的，这种介质是人类可以利用的公共资源。

---

① 前文介绍数据链路层时所说的"链路"就是一种介质。

TCP/IP 着眼于实现与实用性的模型

除了 OSI 参考模型之外，还有一种分层协议模型——TCP/IP（也称为 TCP/IP 分层模型、TCP/IP 模型）。TCP/IP 起源于推动了互联网发展的 DARPA（Defense Advanced Research Projects Agency，美国国防高级研究计划局），因此也有人称之为 DARPA 模型。实际上，几乎所有的应用程序都基于 TCP/IP 模型，而非 OSI 参考模型。图 1.5 描述了两者间的对应关系及相应的协议。

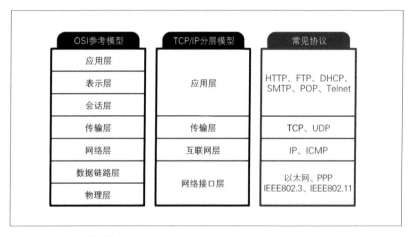

图 1.5 分层协议模型与协议的对应关系

OSI 参考模型中从会话层（第 5 层）到应用层（第 7 层）的这 3 层，对应于 TCP/IP 模型中的应用层，其中大部分的功能实现在各个应用程序之中。与前面描述的 HTTP 的例子一样，建立会话的功能实际上是 HTTP 协议的一部分，字符编码的转换和视频压缩格式通常也是由应用程序指定的。

OSI 参考模型如前文所述，是按照实际功能划分的，TCP/IP 则有所不同，它着眼于实现与实用性。可以说正因如此，现在它才被广泛普及和应用。但是，如果我们因为 OSI 参考模型没有得到实际应用就否定了它的价值，是有失偏颇的。学习划分得更为详细的 OSI 参考模型，可以更明确地掌握各层的具体职责与功能，因此可以说 OSI 参考模型是有助于我们掌握基础知识的重要模型。

──RFC

RFC 是由互联网技术标准化组织 IETF（The Internet Engineering Task Force，国际互联网工程任务组）发布的一系列技术文档。

RFC 中记载了 TCP/IP 相关的协议标准文档。记载各种协议的文档会被分配一个编号，并被公开到互联网上。只要阅读这些技术文档，任何人都能了解相应的技术与特性，甚至实现出来。

基础的技术文档如下：UDP 记载在 RFC 768，IP 记载在 RFC 791，TCP 则记载在 RFC 793。有时，新增功能或扩展会定义在新的 RFC 文档中。反过来，RFC 文档有时也会被废除。举例来说，关于 TCP 算法的一个版本——Reno（详见第 3 章）的记述最初是在 RFC 2581 中，但随着 RFC 5681 的更新，RFC 2581 就被废除了。不过，文档即使被废除了，也仍会被保留，所以现在也可以参阅。表 1.1 中介绍了 RFC 文档的几个具体例子。

表 1.1 RFC 示例

RFC 编号	标题	概要
RFC 768	User Datagram Protocol	UDP 基本技术
RFC 791	Internet Protocol	IPv4 基本技术
RFC 793	Transmission Control Protocol	TCP 基本技术
RFC 2001	TCP Slow Start, Congestion Avoidance, Fast Restransmit[1]	慢启动、拥塞避免和快速重传算法
RFC 2460	Internet Protocol, Version 6(IPv6) Specification[2]	IPv6
RFC 3550	RTP: A Transport Protocol for Real-Time Applications[3]	为 UDP 添加时间信息
RFC 5681	TCP Congestion Control[4]	Reno
RFC 6582	The NewReno Modification to TCP's Fast Recovery Algorithm[5]	NewReno

① TCP 慢启动、拥塞避免和快速重传。
② IP 协议（第 6 版）规范。
③ RTP：实时应用程序传输协议。
④ TCP 拥塞控制。
⑤ TCP 快速恢复算法的优化版 NewReno。

分层模型下的数据格式

要想使用各层的协议进行数据通信，需要给数据增加附加信息，主要是首部（header）。首部中存储的并非应用程序间传输的实际数据，而是各个协议层所需的控制信息。IP 协议层所需的是地址信息，TCP 协议层所需的则是数据顺序号和重传控制（retransmission control）信息等。也就是说，首部中存储的数据是便于各个协议层完成自身的职责而事先定义好格式的内容。

图 1.6 展示了 TCP/IP 分层模型中的数据格式。原始的待发送数据，会从上层开始被依序添加上首部。首部并不是待传输的数据，因此会导致数据传输效率降低。这称为系统开销（overhead）。例如，在 1500 字节的以太网帧中，TCP 首部占了 60 字节，IP 首部占了 20 字节，因此应用层以上的有效数据只有 1420 字节。不仅如此，再加上以太网首部的 14 字节，和以太网帧尾部用于错误检查的 FCS（Frame Check Sequence，帧校验序列）的 4 字节，实际的传输效率只有 $1420/(1500+18) \times 100 \approx 93.5\%$。

图 1.6 TCP/IP 分层模型中的数据格式示例（各类首部 + 数据）

如上所述，定义首部时应该只保留必要的信息，尽最大可能减小首部长度，而不应该为了增加各种功能而不断增加首部内容。

各个协议层一般只能使用当前层的首部信息。因此，为了与上一层或下一层协议进行通信，需要定义相应的通信协议。

协议分层结构下的通信过程

图 1.7 展示的是分层结构模型下的通信过程。图中，数据由服务器之类的通信主机（host）发出，经由互联网最终到达家庭内部 LAN 中的客

户端计算机。下面将以此为例介绍一下整个过程。

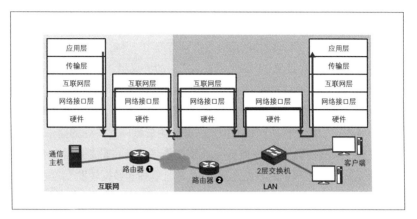

图 1.7 协议分层结构下的通信过程

当服务器端收到来自客户端的通信请求之后,服务器端应用会作为发送方开始发送数据。待发送的数据被依序加上各个协议层的首部,然后通过传输介质被转发到下一跳目的地——路由器。在数据发送方的处理流程中,应用层会先将数据格式的相关信息等写入首部,并将其附加到数据上,然后将数据交给下一层即传输层。

传输层依据应用层的指示,选择使用 TCP 或 UDP 协议,并将所用协议对应的控制信息写入首部,再将其附加到应用层发来的数据上,然后一起交给下一层即互联网层。互联网层获取最终的目的地和下一跳目的地——路由器 ❶ 的信息后,会将这些信息写入首部,并将其附加到传输层发来的数据上,再交给下一层即网络接口层。

网络接口层会将收到的数据调整成依据通信方法事先定义好的帧格式,然后把物理地址和控制信息写入首部,并将其附加到互联网层发来的数据上,生成最终的数据包。数据包通过硬件被转换为电信号,发送给接收方。这个硬件称为**网卡**(Network Interface Card,NIC),每个网卡都会被分配一个独一无二的 **MAC 地址**(Media Access Control address)。数据的传输则是通过电缆等物理介质完成的。

下面介绍数据接收方——路由器 ❶ 的处理流程。电信号通过硬件被转换为数据后，路由器会从数据中读取网络接口层的首部信息，确认自己是否就是接收方。如果确认无误，路由器会去掉首部，将剩下的数据转发给上一层即互联网层。互联网层读取首部信息，确认下一跳的目的地是路由器 ❷[①]，并将下一跳目的地的信息更新到首部中，再将首部附加到数据上转发给下一层[②]。在这里，数据无须进入更高的协议层，它会在经过网络接口层和硬件之后，被转发到下一跳路由器。

接下来，数据将以同样的流程经过互联网中的若干台路由器，最终到达目的地客户端计算机所在的局域网，并经由局域网入口处的路由器 ❷，被转发到 2 层交换机（L2 交换机）。2 层交换机主要的职责是对上级路由器 ❷ 所形成的局域网中的数据进行 MAC 地址管理和数据转发[③]。2 层交换机只在第 2 层，即网络接口层就可以完成所有的工作，可谓名副其实。因此，想要知道数据应转发到哪一个 MAC 地址，就必须确定 IP 地址与 MAC 地址之间的对应关系。

路由器等工作在第 3 层协议以上的设备都有一张对照表，用来记录第 2 层的 MAC 地址与第 3 层的 IP 地址之间的对应关系。这张表是使用 ARP（Address Resolution Protocol，地址解析协议）事先生成的。路由器 ❷ 通过查询这张对照表，获取最终目的地即计算机的 MAC 地址，并将数据转发到 2 层交换机。然后，2 层交换机查询转发目的地的 MAC 地址，将数据转发给最终的接收方设备。

在最终的目的地即客户端计算机中，每一个协议层都会从收到的数据中解析自己协议层的首部信息，确认自己是否是数据接收方，并在确认无误后将数据交由上一层处理。另外，传输层（在 TCP 的情况下）还会检查数据是否存在乱序、丢失等问题，并返回确认结果，也就是确认应答（Acknowledgement，ACK）。之后，数据被发送到上一层即应用层，并被

---

① 具体过程，先读取目的地 IP 地址，然后查询路由表获取下一跳（即路由器）的 IP 地址。——译者注
② 原文的描述容易引起误解，其实在互联网层，IP 首部的目的地 IP 字段并不会被修改。这里修改的应该是 IP 首部记录的路由信息，它用于记录 IP 数据包经过的设备的 IP 地址。——译者注
③ 原文比较笼统，实际上 2 层交换机的作用是处理收到的数据，根据其目的地 MAC 地址，选择合适的端口转发出去。——译者注

转换为合适的格式。

从上面的例子可以看出，在数据传输中，只需根据设备的不同在必要的协议层进行处理即可。数据的传输线路则会依据网络结构的不同而发生变化。例如，数据有时会经过工作在物理层、用以延长网络的中继器（repeater），有时会经过用于实现多台服务器负载均衡的 4 层到 7 层（L4～L7）交换机。

1.2
传输层与传输可靠性
将数据无乱序、无丢失地发送给接收方

本节将针对传输层进行一些简单的探秘。

传输可靠性

前文所述的传输层的"传输可靠性"，其指代的意义较为模糊。本书将**传输可靠性**定义为"将发送方待发送的数据无乱序、无丢失地发送给接收方"。

网络拥塞　　发生在无法从外部观察内部情况的大型网络中的问题

组成网络的各台通信设备是通过线缆等介质在物理上连接在一起的。这些传输介质在单位时间内能传输的数据量有上限。另外，路由器等设备在单位时间内能处理的数据量也有上限。所以，并非想向网络传输多少数据量就能传输多少。假如大量设备同时开始通信，发送大量的数据，就会导致网络瘫痪，无法正常运作。

路由器等设备都有称为**缓冲区**（buffer）的内存区域，用来缓存数据包，以便进行排队处理。如果收到超过缓冲区容量的数据，设备就会无法

处理[1]。

此外，同时从多台路由器收到数据（**冲突**）也可能导致一部分数据出现缺损。这种情况通常称为**拥塞**。

虽然我们可以找到出现拥塞的设备，并通过设备更新等方式直接处理问题，但由于网络规模十分庞大，所以想要直接找到问题并解决无异于大海捞针。

互联网仿佛云层，我们无法从外部看穿其内部的情况（图 1.8）。要想知道是否发生了网络拥塞，就必须采取间接的手段。

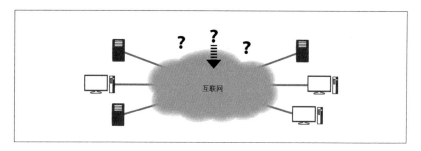

图 1.8 互联网

通信对网络的要求
Web、视频、游戏……不同的应用程序对网络有不同的要求

随着网络终端性能的不断提升和智能手机的普及，互联网逐渐地渗透到我们生活的方方面面，已是我们生活中不可或缺的一部分。电子邮件、SNS（Social Network Software，社交网络服务）、音乐、视频，还有各种数据处理，全都是通过互联网实现的。近年来，一些需要保持互联网连接才能进行通信的应用程序也越来越多，例如在线游戏、Web 摄像头视频直播等。

在这种背景下，网络流量也在逐年增长（详见第 58 页的图 2.13）。如前文所述，由于出现拥塞，网络会时不时地发生数据丢失问题。但与此同

---

[1]　这通常称为缓冲区溢出。

时，我们却总能成功地收到信息，浏览网络内容。这一切，都要归功于传输层实现了网络拥塞控制和丢失数据补偿的机制。

表 1.2 展示了应用程序对网络的一些要求。其中，通话对实时性要求很高，网页浏览和文件下载则对传输可靠性有要求。提到流媒体，人们通常会想到视频流媒体观看服务，不过近些年来，网络广播和音乐流媒体播放服务也逐渐增多。此外，也有像网络游戏那样对实时性和可靠性都有要求的应用程序。网络中连接的通信设备都需要使用符合这些要求的数据通信方法。

表 1.2 应用程序对网络的要求

应用程序	可靠性	实时性	特征
网页浏览	√	—	耗时稍久一点也无妨，但数据一旦缺失就无法获得信息
文件下载	√	—	耗时也无妨，但数据哪怕缺失一部分也会导致获取失败
语音或视频通话	—	√	双向，即使偶尔网络断线也不影响交流
流媒体	△	√	单向，故障会导致加载视频卡顿
网络游戏	√	√	时延、断线都会带来致命的影响

传输层的职责

那么，确保传输可靠性的机制设置在哪里呢？ TCP 定义在 OSI 参考模型的传输层（第 4 层）中。传输层规定了一系列用来完成数据通信和确保通信可靠性的通信步骤。

如前文所述，应用程序的需求千变万化。每一位程序开发者，如果想要一个个地满足所有的需求，绝对压力巨大。因此人们制定了若干个协议，用来规定所有通信设备必备的标准功能。满足所有的需求，必然要实现一大堆传输协议，这显然是不现实的。因此 TCP 和 UDP 两个协议作为满足需求的最低标准被制定出来。

1.3

UDP 的基本情况

无连接的简单特性

在介绍 TCP 之前，我们先来介绍一下只有一些简单特性的 UDP 协议。UDP 虽然特性比较简单，但它并没有因此而无人问津，反而在许多应用程序之中得到了应用。

UDP 的基础知识　无连接的通信

UDP 记载于标准文档 RFC 768。它不具备任何确保传输可靠性的复杂机制，提供的是**无连接的通信**（connectionless communication）。

UDP 的示意图如图 1.9 所示，应用程序发送出去的数据被直接发送到网络之中。UDP 实际执行的功能只是"把数据转发到目的地"和"使用校验和（详见第 3 章）检测数据是否损坏"。假如进行后文所述的 TCP 的重传控制，数据传输就一定会出现时延（latency），因此 UDP 不会进行重传控制。

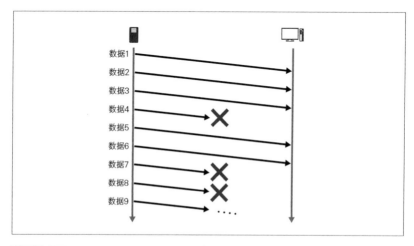

图 1.9 UDP

　　UDP 更看重实时数据传输，而非数据可靠性。首部也只有 8 个字节，非常简单（具体的首部结构见 3.1 节的介绍），所以 UDP 的系统开销较少，比 TCP 的传输效率要高。

单播、多播、广播

　　此外，UDP 支持同时向多个目的地发送数据。数据传输方式的分类如图 1.10 所示。

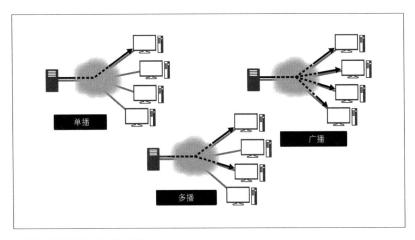

图 1.10 数据传输方式的分类

　　单播（unicast）是面向单个通信对象的数据传输方式；**多播**（multicast）是面向事先确定好的多个通信对象的数据传输方式；**广播**（broadcast）是面向非特定的多个通信对象同时通信的数据传输方式。

　　TCP 支持单播的传输方式，而 UDP 支持所有传输方式，即支持单播、多播和广播。

———UDP 和应用程序可靠性的确保　RTP 和 RUDP

　　另外，如果既想用 UDP 又要确保传输的可靠性，上层的应用程序就必须进行控制处理。例如，采用增加了序列号和时间戳机制、能够保证实时性的 RTP（Real-time Transport Protocol，实时传输协议，RFC 3550），以及增加了序列号、确认应答和重传机制的 RUDP（Reliable User Datagram Protocol，可靠用户数据报协议，详见 1.6 节）等。

适合 UDP 的应用程序　视频串流、VoIP 和 DNS 等

适合 UDP 的应用程序通常有哪些？举例来说，视频串流、VoIP（Voice over IP，基于 IP 的语音传输）之类的语音通话和视频通话就是典型的例子。另外，每次请求都需要尽快得到响应的应用，例如 DNS、RIP、DHCP 和 NTP 等也都是基于 UDP 协议运作的。

近些年来，随着视频的高清化和语音通话的 IP 化，UDP 流量不断地增加，进一步挤占了 TCP 流量的规模。因此，TFRC（TCP Friendly Rate Control，TCP 友好速率控制算法，RFC 5348）在 2003 年被提出，它是考虑了对 TCP 流量的影响、基于 UDP 协议改良得到的算法。

此外，HTTP 协议在传输层一般使用 TCP 协议，但是基于 UDP 协议改良后的 QUIC（Quick UDP Internet Connections，快速 UDP 互联网连接）协议，和以 QUIC 协议作为传输层协议的 HTTP/3 也逐渐普及开来。下面的专栏将简单介绍 QUIC。到目前为止，TCP 各个版本和 IPv6 等技术都是基于协议层的概念不断发展的。然而，也许不久以后，我们就可以像 QUIC 一样不再拘泥于协议层次，而是在应用程序层次上单独实现能够确保通信可靠性的功能。

专　栏

QUIC：以 UDP 为基础快速建立高可靠性通信链路

截至笔者执笔时（2019 年 5 月），传输层协议 QUIC 正在由 IETF 进行标准制定。HTTP-over-QUIC 技术在 2018 年末由 IETF 宣布正式更名为 HTTP/3，因此 QUIC 有望成为 HTTP 协议的下层协议。除此之外，QUIC 对 IP 协议的版本也没有要求。另外，为了确保安

全性，它使用 TLS[①] 1.3，所有的连接都会被加密。QUIC 目前仍处于标准化流程中，具体的标准规范未来很有可能发生各种变化，因此本书不再详细涉及。如果想要了解细节，请通过互联网查阅最新的信息。

提升 HTTP 的通信速度是人们开发 QUIC 的主要目的。在通常情况下，TCP 协议需要通过 3 次握手建立连接，之后由于要进行 TLS 连接，所以从发出 TCP 报文段开始到收到对应的 ACK（详见后文）为止所花费的往返时延（RTT，详见后文）越长，那么到开始发送数据所需要花费的时间也越长。与之相对，QUIC 基于 UDP 协议，连接的建立与 TLS 的建立是同时进行的，因此只需要 0 或 1 个往返时延便可以开始发送数据。另外，TCP 在出现丢包时，如果没有完成丢包数据的重传，是无法进行后续逻辑处理的，这称为队头阻塞（head-of-line blocking）。在这一点上，QUIC 无须关心丢包情况，可以直接按照送达数据的顺序依序处理，因此效率更高。

1.4

TCP 的基本情况

可靠性的确保与实时性

终于要切入正题，开始介绍 TCP 了。首先，我们通过与 UDP 进行对比，来看一下 TCP 的特征吧。

TCP 的基础知识　面向连接的通信

TCP 的基本标准记载于 RFC 793。

TCP 提供**面向连接型的通信**（connection-oriented communication），会

---

① 即传输层安全协议（Transport Layer Security）。它是一个基于通信对象认证、通信内容加密和数据篡改检测技术来实现安全通信的协议。2018 年 3 月由 IETF 正式承认的 TLS 1.3 是当前（2019 年 5 月）的最新版本（RFC 8446）。

确认通信设备间连接的开始和结束。在传输数据的过程中，发送方发送数据，而接收方在收到数据后返回对应的 ACK。通过这种方式，双方设备便可以确认数据是否发送成功，进而**确保数据传输准确无误**。此外，TCP支持通信双方同时进行数据的收发，即**全双工通信**。TCP 中数据传输的基本单位是 TCP 报文段。

网络的状况可能会导致到达接收方的 TCP 报文段的顺序前后颠倒，但是 TCP 会对**顺序**进行管理。

TCP 会采用一系列措施，如在预测网络的拥堵情况的同时**控制发送的 TCP 报文段的数量，重传丢失的 TCP 报文段数据**等，实现端到端的高可靠性通信。

TCP 与 UDP 的功能与特点

表 1.3 列出了 TCP 和 UDP 各自的功能。从表中的内容我们可以看出，UDP 功能比较简单，而 TCP 拥有多个功能，相对比较复杂。

表 1.3 TCP 与 UDP 的功能对比

名称	功能
TCP	连接管理、序列号、重传控制、顺序控制、拥塞控制和校验和
UDP	校验和

表 1.4 列出了 TCP 和 UDP 因功能不同而表现出的不同特点。

表 1.4 TCP 与 UDP 的特点对比

名称	转发类型	可靠性	实时性	通信对象数量	拥塞控制
TCP	流模式	有	低	一对一	有
UDP	数据报模式	无	高	一对一、一对多	无

TCP 只有在收到 ACK 之后，才会发送新的数据，而且具有重传机制，所以能够确保可靠性。可以说，TCP 正是牺牲了实时性才保证了可靠性。

UDP 则无视数据丢失和数据乱序的问题，持续发送数据包。而数据接收方只要收到数据就会第一时间交给上一层即应用层。换句话说，UDP

牺牲了可靠性，但提高了实时性。

从可通信对象的数量来看，TCP 只支持**单播**，如果想要与多个对象进行通信，就必须针对每个通信对象建立一个连接。

在传输类型方面，TCP 是**流模式**，应用层待发送的数据都会首先经过 TCP 的处理（将数据分割为效率高的大小），再按照顺序被发送到网络层；而 UDP 属于**数据报模式**，应用层待发送的数据需要直接加上 UDP 首部，然后才被发送到网络层。

适合 TCP 的应用程序　准确无误地传输数据

比起实时性，更需要准确无误地传输数据的应用程序就会使用 TCP 协议。用于 Web 网页浏览的 HTTP 协议和用于发送邮件的 SMTP 协议可以说是最有代表性的例子。此外，用于文件上传和下载的 FTP 协议也是基于 TCP 协议的。

最近，YouTube 等视频网站的一部分服务使用了 TCP 协议。这些视频并非实时播放，而是一边少量下载一边播放的。这样的话，用户在观看视频时就不会因为频繁卡顿而烦躁了。另外，日本各金融机构和银行与用户计算机之间的通信（基于日本银行协会标准协议，该协议将于 2023 年废除）也使用了 TCP 协议。显然，这种情况下也是绝对不允许出现数据丢失的。

1.5

TCP 的基本功能
重传、顺序控制和拥塞控制

TCP 作为确保可靠性的通信协议，除了**重传**（对丢失的数据进行补偿）和顺序控制，还有**拥塞控制**功能，可以尽可能地避免网络拥塞，高效地转发数据。本节将介绍用来支撑上述功能的基本要素。

连接管理

TCP 协议建立一对一的连接，通过数据与 ACK 的往返交互确保通信可靠性。

图 1.11 展示的是面向连接的通信的基本流程。首先，TCP 会建立收发数据过程中的连接。**连接管理**（connection management）会使用 TCP 首部中的控制位字段，这一点详见第 3 章。当连接建立之后，发送方进入数据发送阶段。当数据发送完成后，连接会被断开。这样一来，整个通信过程就被完整地管理了起来。

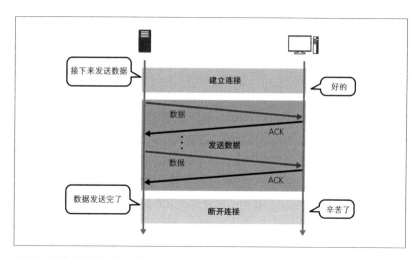

图 1.11 面向连接的通信的基本流程

序列号

为了保证 TCP 报文段的顺序正确，以及检测出 TCP 报文段是否丢失，每个待发送的 TCP 报文段都会加上**序列号**（sequence number）。序列号是以 1 字节为单位来计数的。举例来说，当一次发送的数据长度[①]为 1000 字

---

① 这称为 **MSS**（Maxium Segment Size，最大报文段长度），详见第 3 章。

节时，每发送一次数据，序列号就增加 1000。接收方会把接下来希望接收的数据的序列号写入 ACK，返回发送方。

图 1.12 中展示的是数据和 ACK 的交互过程示例。当发送序列号为 3001、长度为 1000 字节的数据时，接收方接收到的就是序列号到 4000 为止的数据。接下来要接收的数据的序列号是 4001，因此 ACK 中写入的序列号（**确认应答号**）是 4001。发送方得到 ACK 中的序列号后，从待发送的 TCP 报文段中选择 *MSS* 大小的数据发送。

收发双方要想顺利地按照以上流程利用序列号完成数据的互相通信，就必须同步双方 TCP 模块中的初始序列号和 ACK 初始值。此同步过程发生在连接建立的时候。

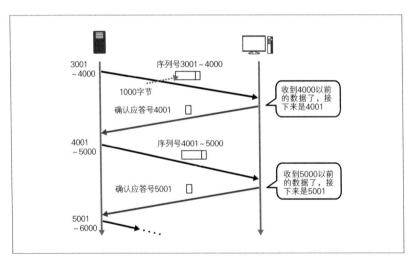

图 1.12 序列号

重传控制   重传计时器、RTT 和 ACK

重传可对丢失的数据进行补偿。那么，TCP 中使用的**重传控制**是如何知道哪个数据包丢失的？

最基本的方法是使用**重传计时器**（retransmission timer）。TCP 持续计算从 TCP 报文段发送开始到收到 ACK 为止的时间，也就是 **RTT**（Round Trip Time，往返时延），然后以此为基础，计算出一个比 *RTT* 长的时间 *RTO*（Retransmission Time Out，超时重传时间），接着对已发送的某个序列号的 TCP 报文段，设置一个计时器，当经过了 *RTO* 之后仍然没有收到 ACK 时，就认为此 TCP 报文段已经丢失，并进行重传（图 1.13）。TCP 协议认为网络拥塞是造成数据丢失的原因。

另一种方法是**使用 ACK**。如前文所述，接收方会将接下来待接收的序列号写入 ACK 并返回给发送方。当然，我们也可以称之为尚未收到的序列号。接收方在有未收到的 TCP 报文段时，会一直发送写有对应序列号的 ACK，直到收到对应序列号的 TCP 报文段为止。结果就是，发送方将多次收到请求同一个序列号的 ACK。如果收到 3 次以上，则认为该 TCP 报文段已经丢失，并尝试使用"快速重传算法"进行数据重传（详见第 3 章）。

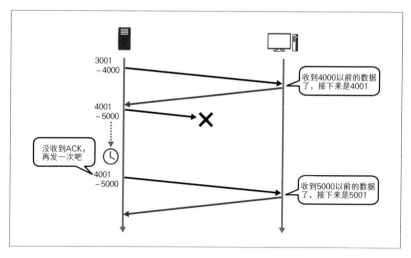

图 1.13 超时重传

顺序控制

经由网络发送的数据如果顺序出错，则无法还原。TCP 首部中有序列号字段，接收方会读取或保存序列号，并按照正确的顺序整理好接收的 TCP 报文段（图 1.14）。这里的**顺序控制**（sequence control）也是确保通信可靠性的重要功能。

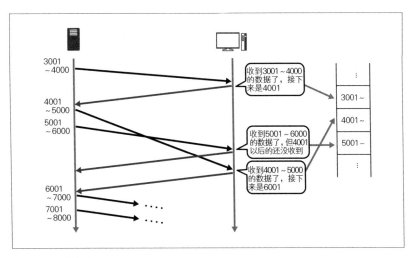

图1.14 顺序控制

端口号

TCP 和 UDP 都分别定义了**端口号**（port number）。端口号主要用来识别各应用程序的通信会话和 TCP/UDP 的连接。在通常情况下，端口号和应用程序存在对应关系（表 1.5）。大家也许能在表 1.5 中找到眼熟的数字。

表 1.5 常见的端口号与应用程序的对应关系

端口号	应用层协议
21	FTP（文件传输协议）
23	Telnet
25	SMTP（Simple Mail Transfer Protocol，简单邮件传输协议）
80	HTTP（Hypertext Transfer Protocol，超文本传输协议）

（续）

端口号	应用层协议
110	POP3（Post Office Protocol-Version 3，邮局协议 - 版本 3）
143	IMAP（Internet Message Access Protocol，互联网报文存取协议）
443	HTTPS（Hypertext Transfer Protocol Secure，超文本传输安全协议）

这样一来，有人可能会觉得端口号和传输层协议之间也存在对应关系。然而，TCP 和 UDP 是可以使用同一个端口号的。应用程序在发送数据时，可以指定使用 TCP 或 UDP，但是接收方在接收数据时，就必须判断"究竟使用 TCP 和 UDP 中的哪个比较好"。

因此，传输层协议的信息就需要放在 IP 首部之中，这部分字段就是**协议号**（protocol number）。网络层以协议号为依据，判断要使用的传输层协议，并将数据移交给上层的 TCP 或 UDP 模块。

端口号有三种。一种是前文所述的为广泛使用的应用程序准备的公认（well-known）端口号，一种是一些事先注册好的注册（registered）端口号，还有一种是可以随意使用的动态或私有（dynamic/private）端口号。

提供服务的一方（server，**服务器**）需要使用应用程序确定好的端口号，而使用服务的一方（client，**客户端**）可以任意选择端口号。客户端的端口号是由操作系统分配的。基于此，当客户端同时打开多个浏览器时，即使是同一个应用程序（Web 浏览），也可以同时建立多条连接（浏览器和标签页）。

流量控制　窗口和窗口大小

数据发送方在给接收方发送数据时，不能随心所欲，想发就发。接收方设备有用来缓存接收的数据的缓冲区，如果一时间接收到超过缓冲区容量的数据，接收方将无法接收数据，这会导致缓冲区溢出，进而导致数据丢失。为了避免缓冲区溢出，接收方需要告知发送方自己所能接收的最大数据量，然后发送方以此为依据调整发送的数据量，这种机制称为**流量控制**（flow control）。

在 TCP 中，发送方一次可以发送的最大数据量称为**窗口**（window），窗口的容量则称为**窗口大小**（window size）。

我们将发送方的窗口大小作为参数，记作 *swnd*（send window）。发送窗口大小 *swnd* 需要调整成接收方能处理的最大数据量。因此，接收方会将自己所能接收和处理的最大数据量，也就是**接收窗口大小**，告知发送方。我们将这个接收窗口大小作为接收方的参数，记作 *rwnd*（receive window）。发送方会调整数据发送量[①]，确保数据量不超过接收窗口大小 *rwnd*。

拥塞控制与拥塞控制算法　基于丢包和基于延迟

流量控制算法会根据通信对象的具体情况来发送数据，但这还不够，在发送数据时也必须考虑到网络整体的情况。如果所有的设备什么都不管，肆意地发送数据，就会导致网络频繁发生拥塞问题。为了规避这个问题，TCP 基于**拥塞控制算法**（congestion control algorithm）来调整数据发送量。

实现**拥塞控制**的基本功能，简而言之有以下 3 点。

❶ 收到 ACK 之后，发送接下来的数据。

❷ 逐渐增加数据发送量。

❸ 当发现数据丢失时，减少数据发送量。

这便是 TCP 中最为典型的基于丢包的控制方法。这里有一个参数，即**拥塞窗口大小**，它用于主动地调整发送待发送的数据量，这里将其记作 *cwnd*（congestion window）。发送窗口大小 *swnd* 的值，取决于通信对象传过来的接收窗口大小 *rwnd* 和发送方自己的拥塞窗口大小 *cwnd*。基本的算法是优先使用两者中较小的那一个。❷ 的功能通过逐步增大 *cwnd* 实现，而 ❸ 主要是减小 *cwnd*。

基于丢包的拥塞控制算法，与字面意思一致，就是根据数据的丢包情况来判断网络的拥塞情况。以此为前提，可以得出最佳的 *cwnd* 的取值一定在发生拥塞前的 *cwnd* 与发生拥塞后的 *cwnd* 之间。如果检测到发生拥

---

① 接收窗口大小也称为通知窗口大小（advertised window）。

塞，就先减小 *cwnd*，然后再一边增大 *cwnd* 一边发送数据，慢慢将 *cwnd* 调节到最优结果附近。拥塞控制算法将根据情况调整基于 ❷ 的 *cwnd* 的增大方式和 ❸ 中的 *cwnd* 的减小方式，从而最终实现控制拥塞这一目的。

此外还有一种方法，即使用了 *RTT* 的基于延迟的拥塞窗口控制算法。第 3 章将对此进行详细介绍。

无线通信与 TCP

现在，许多通信发生在智能手机等**移动设备**之间。也就是说，通信链路上存在**无线链路**。

此外，随着**物联网**的普及，各种终端设备应该都会通过无线连接接入网络，而非各种线缆。

在讨论今后的网络和 TCP 时，抛去**无线通信**是不可能的，因此本书会在方方面面涉及无线通信。接下来，我们就来介绍一下无线通信的基本原理和其与 TCP 的关系。

一────无线通信的基本情况　最大的优点与受限的通信范围，固定式与移动式

无线通信指的是含有信息的信号被调制到电波（**电磁波**）上，通过天线发射到周围的空间中，以周围的空间为媒介传输，最终到达目的地天线中的过程。

一方面，电波在空间中传播时是呈扩散形的放射状。也就是说，只要在电波可以到达的范围内，哪里都能收到信号。这一点可以说是无线通信的最大优点。另一方面，电波的强度会随着距离增大而逐渐衰减，因此相比有线传输来说，无线通信的通信范围比较有限。在一般情况下，光纤等有线传输的范围有几十千米，而无线通信的范围只有几百米到几千米。当然，也有范围在几十千米的类型。

无线通信主要分为**固定式**和**移动式**两种类型。

固定式的无线通信（**固定式通信**）指的是位置固定的天线之间的通信。举例来说，在山川地带、海上和城市大楼之间等难以铺设有线电缆的区域，无线通信可以成为一种高效铺设网络的方法。固定式通信的一般用

途是在互相都能确定对方位置的收发双方之间架设无线链路[①]。

移动式的无线通信（**移动式通信**）指的是参与通信的无线设备中任意一方或双方都可以移动的情况下的无线通信。人们所持有的各种设备就需要进行这种类型的通信。在可移动设备等进行通信时，**基站**（base station，访问点）为这些设备提供了访问互联网的入口。

———— 无线特有的难点　对 TCP 的影响

由于无线通信链路的变化较小，所以固定式通信相对比较稳定，但移动式通信由于基站和终端设备之间可能出现被建筑物遮挡的情况，这导致接收功率显著下降，所以有时会出现无法通信的问题（图 1.15）。

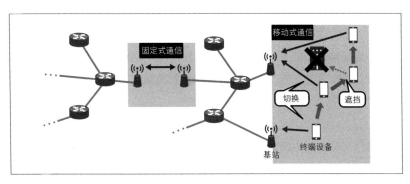

图 1.15 两种无线通信环境

此外，附近区域如果存在使用同一频率电波的通信，就会发生电磁波干涉现象，导致通信之间互相干扰。因此，这也是除了网络拥塞之外的导致丢包的重要原因。

无线通信具备根据接收功率等状态的变化自适应地调整传输速率的能力。由于此特性的影响，通信的传输速率会不时发生变化，这可能成为影响 TCP 运行的重要原因。

不仅如此，如前文所述，想要使无线通信从支持短距离通信进化到支持任意距离的通信，需要在所有区域设置大量基站，同时还要让终端

---

① 虽然传感器等设备和部分物联网应用终端（例如智能电表）也是位置固定的，但是请把它们想象为具有前面所述用途的设备。

设备能够随着自身位置的变化而改变接入的基站。这个过程称为**切换**（handover）。一旦发生切换，则意味着通信链路发生了变化。显而易见，这也会对 TCP 的运行产生影响。

　　从上述内容可以看出，原本以有线通信为前提而设计的 TCP 协议，在无线通信的过程中可能无法按照设计运作。也就是说，人们还需要根据无线通信的特点调整 TCP。下一节将以 W-TCP 为例对此进行介绍。

1.6
面向特定用途的协议
RUDP、W-TCP、SCTP 和 DCCP

　　随着移动通信的不断发展，网络的使用环境也在不断变化。本节将介绍近几年提出来的一些用于适应各种场合和环境的传输层协议。第 7 章会详细介绍着眼于未来的 TCP 的新发展方向。

RUDP　可靠用户数据报协议

　　近年来，智能手机上的在线游戏逐渐普及。无论是协作游戏还是对战游戏，手机用户都可以与全世界的其他用户进行联机。在线游戏一旦断线，可是非常不妙的情况，特别是需要实时显示对手的游戏动作的动作类游戏。因此，这类应用的数据传输协议必须在保证高可靠性的同时，提供强实时性。

　　换句话说，这意味着要把 TCP 与 UDP 二者的特性结合起来。但是如前文所述，它们的特性是相反的。因此，基于 UDP 协议的 RUDP（Reliable User Datagram Protocol）协议被设计出来[1]。除了确保可靠性以外，它还被添加了如下特性。

---

① 截至笔者执笔时，RUDP 还没有进行标准化提案，并非正式的标准，所以仍停留在 1999 年互联网草案的状态下。

- 序列号
- ACK
- 重传机制
- 流量控制

如前文所述，流量控制功能用于根据接收方的情况调整发送方的窗口大小 $swnd$。

RUDP 在功能特性上与 TCP 相近，不过在实现上比 TCP 系统开销更小。TCP 首部的大小是 20 到 60 字节，而 RUDP 的首部大小只有 12 字节。在线游戏是输入和响应在网络上频繁往返的全双工通信。利用这一特性，RUDP 也为待发送数据添加了 ACK 的功能（也就是说，发送数据的同时也发送 ACK）。这降低了首部的系统开销，因此提高了效率。如果在此基础上加入重传机制，实时性和可靠性便可以两手兼得。

W-TCP　无线配置 TCP

W-TCP（Wireless Profiled TCP）制定在 TCP over 2.5G and 3G Wireless Networks（第 2.5 代和第 3 代无线网络上的 TCP，RFC 3481）文档中。它指的是为第 2.5 代到第 3 代移动电话通信专门优化的 TCP。如 1.5 节所述，无线通信会发生丢包、传输速率变化等问题。其原因不同于有线通信，主要是建筑物的遮挡、反射和终端设备的移动等情况导致电波的传输链路发生大幅变化。

因此，人们在无线终端设备与所连接的服务器之间设置了网关[①]（gateway），并在无线设备与网关之间使用 W-TCP，在网关与所连接的服务器之间使用普通的 TCP。这种方法称为 split-TCP，记载在 RFC 2757 中。使用此方法后，哪怕终端设备与网关的无线通信线路之间频繁进行重传，网关与内容服务器之间也不会产生不必要的重传流量。换句话说，通过将可靠性不同的两个网络分开，避免了可靠性低的无线网络成为可靠性

---

① 以防万一，这里要说明一下：基站并不一定是网关。

高的有线网络的累赘。

不仅如此，为了提高无线传输线路的效率，人们还对以下若干个 TCP 参数进行了调优。

- **窗口扩大选项（RFC 1323）**
  窗口大小原先最大为 64 KB，通过窗口扩大选项（window scale option）可以调整到更大的值。

- **增大最小窗口大小（RFC 2414）**
  窗口大小的初始值一般是 1 个 TCP 报文段大小，但现在可以将其设置为 2 个以上的大小。这个优化对于高速传输线路很有效。

- **SACK（Selective Acknowledgement，选择性应答，RFC 2018）**
  通常情况下，在 TCP 检测到 TCP 报文段丢失的场景中，数据发送方会重复收到 ACK 应答，被要求重传对应序列号的 TCP 报文段数据。重传发生在其收到多次重复的 ACK 之后，因此一旦有多个 TCP 报文段丢失，那么 TCP 想要检测到第 2 个以后的报文段数据的丢失就会花费不少时间。而 SACK 支持在出现多个报文段丢失时，显式地要求重传相应的 TCP 报文段数据。通过 SACK，TCP 可以快速、准确地实现重传。

- **基于 BDP（Bandwidth Delay Product，带宽时延积）的最佳窗口控制**
  基于 BDP 这一指标确定最佳的窗口大小。顾名思义，BDP 是带宽和往返时延（即 RTT）的乘积。从 3G 的终端设备到基站的上行带宽是 64 Kbit/s，而相对的下行带宽是 384 Kbit/s。将这个数据与 RTT 相乘，即可得到 BDP。BDP 的单位是数据量，换句话说，就是收发双方需要提前准备好的缓冲区大小。如果能使用比 BDP 更大的缓冲区和窗口大小，就可以实现带宽无闲置且更高效的通信。

- **时间戳选项（RFC 1323）**
  在宽带通信中，序列号容易在短时间内循环一遍，这样会导致不同的数据在序列号上重复。时间戳的作用便是和序列号一起作为索引数据，来解决序列号重复的问题。另外，RTT 的值是在窗口大小每次更新后，由 TCP 重新计算或更新从报文段发送到收到 ACK 的时间后得来的。但无线链路中线路变化快，*RTT* 也会在短时间内出现大幅变动，所以还需要更精细的追踪计算。对于重传的报文段数据，TCP 原本是不会计算 *RTT* 的（详见第 3 章），但如果使用了时间戳功能，就可以计算重传报文段的 *RTT* 数据，进而获取更多的 *RTT* 样本数据，提高计算出的 *RTT* 值的平滑精度。

- **检测链路上的 *MTU* 大小（RFC 1191）**

  此功能用于在需要经由多台设备收发数据的情况下，检测收发数据过程中 *MTU*（Maximum Transmission Unit，最大传输单元）的最小值，并使用这个最小值发送数据。这是为了规避因较大的数据在传输过程中被分割为更小的单位而发生的效率降低问题（详见第 3 章）。

- **ECN（Explicit Congestion Notification，显式拥塞通知，RFC 2481）**

  这是一个提前获取拥塞状态，并通知发送方减小窗口大小的功能。它能在网络链路中的路由器等设备发生拥塞时，就将拥塞情况写入 TCP 首部的 ECE（ECN-Echo）字段告知发送方。利用这一功能，TCP 就可以在重传计时器超时之前获知拥塞状态。在无线通信中，利用此功能也可以尽早地检测出通信环境的恶化问题，并通过控制传输速率等快速处理。

从以上描述可以看出，W-TCP 针对复杂的无线通信环境进行了专门的优化，下了很多功夫。在无线通信中，下层的数据链路层也具备重传控制机制。换句话说，无线通信通过多个重传机制协同工作实现了更为稳定的通信[①]。

---

① 从第 3 代开始，移动电话系统都搭载了 HARQ（Hybrid Automatic Repeat reQuest，混合自动重传请求）功能。与 TCP 实现的端到端的重传控制有所不同，HARQ 基于数据链路层，在单个无线链路中运作。接收方检测到帧数据丢失，就会发送请求重传的消息，这与 TCP 相似。发送方要做的不是重传丢失的帧数据，而是只发送部分数据和部分解码所需的信息。接收方将第一次收到的数据与重传的数据组合起来，便可以完成解码，还原数据。它通过减少发送的数据量，实现了高效的无线传输。

SCTP　流控制传输协议

　　SCTP（Stream Control Transmission Protocol，RFC 4960）不仅和 TCP 一样提供高可靠性和顺序无误的数据传输，还像 UDP 一样面向消息而设计，能够确保消息之间有边界[①]。该技术的设计初衷是用来实现 IP 网络下的电话网信令，但最终则是作为一个通用性很高的传输层协议，于 2000 年被制定出来的。现在，SCTP 被用作 LTE（Long Term Evolution，长期演进）等第 4 代通信中的控制信号的传输层协议。

　　SCTP 主要有以下特征。

- **面向消息**

　　TCP 协议把待发送的数据按照字节流的形式进行传输，忽略了消息的边界。UDP 则是数据报形式的协议，因此消息可以保留边界，但无法保证消息的顺序。SCTP 按照"块"（chunk）处理消息，经过改良后既可以保证消息的顺序，又能保留消息的边界。

- **多宿主（multihoming）**

　　多宿主是指通过同时使用多个网络接口提高可用性的一项技术。举例来说，构建由有线 LAN 与无线 Wi-Fi 组成的多重通信链路[②]，就可以在有线 LAN 可用时使用有线 LAN，在其他情况下使用 Wi-Fi 通信。

- **多流（multistreaming）**

　　在同一个联合（association）中同时支持多个传输流。通过此技术可以将控制信息与数据分离，提高控制信息的响应速度。

- **链路有效性检测**

　　对于一段时间内没有通信过的目的地址，使用**心跳**（heartbeat）包来检测链路是否可用。定时发送心跳包，根据 ACK 的返回情况来判断当前链路是否可用。

---

① TCP 是流式的，不同消息直接混在一起，没有边界，而 UDP 是数据报式的，不同的消息是分开的。——译者注
② 在 SCTP 中，这称为联合（assosiation）。

- 初始化（initiation，建立连接）的优化

  恶意用户伪造 IP 地址，发送大量的 SYN 数据包（SYN flood，SYN 洪水），导致连接资源枯竭，这便是 DoS（Denial of Service）攻击。以往的 TCP 协议对这种攻击比较无力，SCTP 协议则将连接建立时的握手次数改为 4 次（4-way）[①]，同时加入 Cookie，实现了对这种攻击的防御。不过，SCTP 在断开连接时是 3 次挥手[②]。

DCCP　数据报拥塞控制协议

人们设计 DCCP（Datagram Congestion Control Protocol，RFC 4340）的目的是缓解 UDP 网络拥塞问题。UDP 直接将数据流量发送到网络中，因此很容易引起网络拥塞。DCCP 使用类似 TCP 的基于流量的方法来处理网络拥塞。它虽然使用 ACK，但只是为了检测拥塞，重传并不是主要的目的。不过，它也支持增加重传功能。不仅如此，它还支持 ECN 功能，所以可以实现更为灵活的拥塞控制。显而易见，对于同时追求可靠性和低时延的应用程序来说，DCCP 非常有用。

1.7
小结

本章总览了网络中的各种通信协议，又介绍了作为本书主题的 TCP 的基本功能。从下一章开始，本书将上至历史发展，下至详细功能特性，结合实际运行模拟详细地介绍 TCP 的方方面面。此外，介绍传输层以外的 TCP/IP 协议群的优秀图书有很多，感兴趣的读者请务必参考学习。

---

① 原本的 TCP 建立连接是 3 次握手。详见第 3 章。
② 原本的 TCP 断开连接是 4 次挥手。

参考资料

- 西田佳史 . TCP 詳説 [EB/OL]. パシフィコ横浜：Internet Week 99，1999.
- 《RTP：实时应用程序传输协议》(RFC 3550).
- T.Bova，T.Krivoruchka. Reliable UDP Protocol [EB/OL]. IETF Internet Draft，1999.
- 石森礼二 . モバイル対戦アクションゲームの通信最適化テクニック [EB/OL]. SQUARE ENIX オンラインゲーム・テクニカルオープンカンファレンス，2018.
- 《第 2.5 代和第 3 代无线网络上的 TCP》(RFC 3481).
- 《流控制传输协议》(RFC 4960).
- 《数据报拥塞控制协议》(RFC 4340).

第 **2** 章

TCP/IP 的变迁

随着互联网的普及而不断进化的协议

　　TCP/IP 从诞生以来就随着互联网的普及而逐渐推广开来，并一直发展至今。其中，伴随着新技术与新应用服务的普及，初版 TCP 无法解决的问题一个个暴露出来。

　　因此，为了解决这些问题，TCP 不断改良，逐渐加入了许多现在常用的功能。其中最典型的便是拥塞控制算法，它可以在网络上的数据流量增加时防止网络拥塞，避免拥塞崩溃。

　　本章将结合时代技术背景和当时的流行应用服务等，介绍从 TCP 问世之初到现在为止的发展历程。TCP 发展过程中出现的各种难题究竟是如何被解决的？ TCP 又是如何发展到现在这个样子的？ 理解了这些问题，想必会对现代 TCP 的各种机制和算法有更深入的理解。

2.1

TCP 黎明期

1968 年—1980 年

下面将详细介绍不同时期 TCP 相关技术的发展情况。这里以年表的形式整理了从 1968 年互联网的前身——阿帕网项目启动开始到现在为止 TCP 和互联网领域的大事件，请根据需要参阅（表 2.1）。

表 2.1 TCP 和互联网领域的主要事件

时间	年份	概要
20 世纪 60 年代	1968	阿帕网项目启动
	1969	UNIX 问世
20 世纪 70 年代	1970	ALOHAnet 问世
	1972	阿帕网公开实验
	1974	TCP 问世
	1976	公开密钥理论诞生
20 世纪 80 年代	1980	以太网标准公开
	1980	拥塞崩溃问题浮出水面
	1981	当前 TCP 的标准文档 RFC 791、792、793 公开
	1982	SMTP 正式 RFC 化
	1983	阿帕网全面使用 TCP/IP
	1983	域名规范化
	1983	4.2 BSD（默认支持 TCP 的 UNIX OS）公开
	1984	开始使用域名
	1984	引入 Nagle 算法
	1987	NSFnet 启动
	1988	Tahoe 出现 拥塞控制算法的起点

（续）

时间	年份	概要
20 世纪 90 年代	1990	阿帕网关闭，商用互联网开始出现
	1990	万维网问世
	1990	Reno 算法出现
	1991	万维网公开
	1995	Windows 95 发售
	1995	NSFnet 停止运行
	1995	PHS 服务启动
	1999	IPv6 投入使用
	1999	无线 LAN（IEEE 802.11a）出现
21 世纪 00 年代	2001	维基百科（Wikipedia）诞生
	2002	RFC 3261（IP 电话）发布
	2003	Skype 诞生
	2004	Facebook、mixi、Firefox 诞生
	2005	YouTube 诞生
	2005	CTPC 出现
	2006	Twitter、AWS（Amazon Web Services）、Niconico 动画诞生
	2006	云计算出现
	2008	iPhone 发售、App Store 出现
21 世纪 10 年代	2010	3.9G（LTE）出现
	2015	4.0G（LTE-Advanced）出现

本节将从 1968 年阿帕网项目启动开始到 TCP 问世、TCP/IP 基本成形的时期称为 TCP 的黎明期。

阿帕网项目启动（1968 年） 分组交换的出现

现在的互联网主要使用的通信方式是分组交换，但在分组交换的概念流行起来之前，"线路交换" 才是最常见的方式（图 2.1）。

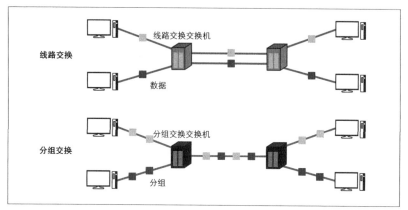

图2.1 线路交换与分组交换

━━━━ 线路交换

线路交换类似于传统的电话网络，需要独占从拨打方（发送方）终端设备到接听方（接收方）终端设备的电气线路。如果发送方设备与接收方设备的地理位置不同，通信则会经过多个通信局，而且要维持专用的线路。

20 世纪 60 年代前半期，线路交换方式的远程计算机连接通过电话线路成功得以实现。1966 年，横跨几乎整个美国大陆的计算机通信实验也成功进行。然而，此时的通信连接是通过线路交换实现的，只能是一对一（Point-to-Point，P2P）通信，而且必须保证计算机间的独占线路。

这种方式被指出存在若干问题。首先，计算机间数据通信的时间较短，如果采用线路交换方式建立连接，就需要一直保持连接，效率很低。也就是说，由于要保证临时的独占线路，所以在连接的过程中，其他所有的通信都无法使用链路上的任何线路，即必须为每个通信分别准备线路。

其次，因为只能进行一对一的连接，所以如果有三台以上的计算机要进行通信，就必须一条条地更换线路，非常麻烦。不仅如此，也有人指出，如果进行线路交换的交换局受到攻击，所有的通信都会中断，这也非常危险。

此外，还存在一个问题：当时各个设备制造厂商都使用安装了自己独家系统的设备，想要互相通信，就必须准备基于各式各样系统的终端设备。也就是从这个时期开始，人们逐渐意识到计算机通信中约定俗成的规范，也就是"协议"的必要性。

━━━分组交换

针对以上问题开发出来的便是被称为分组交换的通信方式。

分组交换首先将计算机间收发的信息拆分为多个被称为分组的单位，然后确定发送链路，最终将创建的各个分组经过多个网络中的设备发送到目的地。

使用分组交换之后，通信就无须确保一对一的独占线路了，多台计算机也能共享线路。因此，这种做法不仅提高了线路的利用效率，而且因为无须一条条地切换线路，所以实现高效通信也不在话下。此外，通信也不再需要"交换局"这种必经节点，所以能更好地抵御攻击。

━━━阿帕网　世界上首个使用分组交换的网络搭建工程

接下来，便是 1968 年由美国 ARPA（Advanced Research Project Agency，美国高级研究计划局①）发起的阿帕网，它是以构建分组交换式计算机网络为目的的代表性工程。

1969 年，研究人员搭建了由斯坦福研究所、加利福尼亚大学洛杉矶分校、加利福尼亚大学圣芭芭拉分校、犹他大学等 4 个节点相连组成的网络，这便是初期的阿帕网（图 2.2）。阿帕网使用了 NCP（Network Control Protcol，网络控制协议）——注意，并非 TCP/IP 协议——是世界上第一个使用分组交换的计算机网络。

---

① 现在是美国国防高级研究计划局，即上一章提到的 DARPA。——译者注

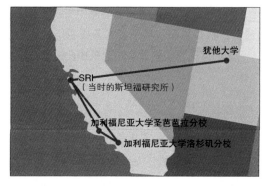

※ 参考：SRI International 官方网站

图 2.2 初期的阿帕网

此外，阿帕网项目首次采用了 RFC（Request For Comments）这一用于互联网技术标准化发布的流程。

UNIX 问世（1969 年） OS 和 TCP/IP 的普及

通信协议指的是多台计算机接入网络时，为了让它们能互相进行通信而由人们事先定好的一些规则。也就是说，要正确地完成通信，所有接入网络的计算机都必须遵循同一套通信协议。类比来说，在使用同一种语言的小团体中，如果有一位不懂这门语言，那么他就无法与小团体中的其他人沟通交流。

因此，比较重要的问题是，即使确定了新的通信协议，如果搭载协议的设备没有普及，那么设备间也无法通信。如今的计算机设备一般在操作系统中就安装了通信协议功能。在搭建阿帕网的同一年，即 1969 年，UNIX 操作系统在 AT&T 的贝尔实验室中被开发出来。

UNIX 在开发初期是由汇编语言实现的，1973 年用 C 语言进行了重写，这大大地提高了 UNIX 在各种计算机上的可移植性。后来，UNIX 的源代码被免费提供给大学和研究机构，它成了一个可以自由修改的操作系统，各种版本被开发出来，这使 UNIX 在研究机构和教育机构中广泛地普及开来。其中最具有代表性的，便是由加利福尼亚大学伯克利分校开发的 BSD（Berkeley Software Distribution）。这个 UNIX 系统不仅在后来成为阿帕网所使用的操作系统，还作为首个默认搭载 TCP/IP 的操作系统，为 TCP/IP 的普及做出了巨大的贡献。

搭建 ALOHAnet（1970 年） 世界上首个无线分组交换网络，冲突避免技术的前身

1970 年，连接夏威夷大学各个校区的计算机网络 ALOHAnet 完成了搭建（图 2.3）。这是世界上首个无线分组交换网络，它连接了分布在夏威夷群岛的各校区。

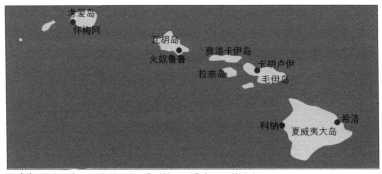

※ 出处：Wireless Communication, Jean Paul Linnartz' Reference Website

图 2.3 ALOHAnet 的节点分布

接入 ALOHAnet 中的计算机，可以在任意时刻向任意一台计算机发送数据。但是，此时会出现很严重的问题。具体来说，就是如果多个节点同时发送数据，那么这些数据的信号之间会发生冲突，导致数据全部损坏，进而导致无法通信。针对这一难题，ALOHAnet 所用的对策可以说是网络发展中十分重要的一项技术，它与后来被标准化的 CSMA（Carrier Sense Multiple Access，载波侦听多路访问）一脉相承。

下面大致介绍一下 ALOHAnet 所用的避免冲突的方法。各个节点在想发送数据时直接发送数据，如果发生冲突，就过一段时间重新尝试。为了让发送数据的节点探测是否出现了冲突，需要由名为 hub 的节点在收到分

组之后，立即将分组数据返回给发送节点。发送节点在确认收到了返回的数据后，认为当前数据已经发送成功，并开始发送下一个分组。如果 hub 没有返回数据，发送节点会认为发生了冲突，并在等待一小段时间之后，重新发送分组数据。

　　ALOHAnet 的带宽利用率并不高，但是它所采用的避免冲突的策略对后世的技术有很大的影响。同时，这种被称为介质访问控制的技术的重要性也开始被广泛认知。

TCP 问世（1974 年）　焕然一新的网络基本策略

　　后来也不断有新计算机接入前文所介绍的阿帕网。到了 1974 年，阿帕网已经成为遍布全美的计算机网络了。与此同时，各种协议纷繁芜杂，相互连接中发生的问题也层出不穷。因此，有人指出需要整合各种网络协议。

　　针对这一问题，人们开始开发 TCP/IP 协议，目的是代替阿帕网中使用的 NCP 协议。TCP/IP 协议最初的标准是 1974 年发布的 Specification of Internet Transmission Control Program（Internet 传输控制程序规范，RFC 675）。

　　TCP/IP 协议最基本的策略就是**最大限度地缩减网络的功能**。一旦网络的功能多样化，必然会导致消耗增加、相互连接困难，以及搭建与维护困难等一系列问题。为了规避这些问题，人们倾向于使用更加简单的网络，这正是 TCP/IP 之后流行的重要原因之一。

　　此时，还有一个重要的情况需要关注。当时的主流观点是，以阿帕网为代表的各种网络，应该由其自身来"确保数据在网络中的传输可靠性"。但是 TCP/IP 颠覆了这种观点，引入了新的思路，也就是**由发送数据一方的计算机来确保通信的可靠性**。换句话说，由错误等情况引起的数据无法送达的问题的检测和重传控制，都交由发送方终端设备负责。

　　像这样将网络的功能控制到必要的最小范围内，便可以降低各种网络互相连接的门槛。1980 年左右，TCP/IP 的基本架构完成；1983 年初，阿帕网的通信协议从过去的 NCP 完全切换到 TCP/IP。此外，如前文所述，

1983 年 UNIX 系操作系统 BSD 也开始默认搭载 TCP/IP 协议，这进一步促进了 TCP/IP 的普及。

以太网标准公开（1980 年） IEEE 802.3 与 CSMA/CD

以太网标准的原型是 20 世纪 70 年代以 ALOHAnet 为基础开发出来的。后来，它于 1980 年由 IEEE 提出和公开，并在经过升级后，于 1983年以 IEEE 802.3 的名称正式确定下来。

以太网有许多特点，其中第一点便是继承了**分组交换**这一特性。以太网将待发送的数据分割为帧，网络中的设备以帧为单位传输数据。

此外，初期的以太网在逻辑上是"总线式"结构（图 2.4）。换句话说，多台计算机是连接在同一根同轴线缆上的。在这种情况下，由任意一台终端设备发送出的数据可以被所有连接在这个网络上的计算机接收。也就是说，这个网络从原理上就无法进行一对一通信，所有的通信都是广播式的。

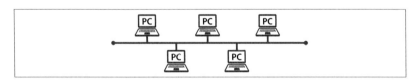

图2.4 **总线式网络**

然后，所有已连接的设备共享同一个通信介质，一旦多台终端设备同时发送数据，就会发生信号**冲突**，导致数据丢失。发生冲突的范围称为**冲突域**（collision domain）。因此，当有多台终端想要发送数据时，需要按顺序来发送。实现这一功能的就是 **CSMA/CD**（Carrier Sense Multiple Access with Collision Detection，带有冲突检测的载波侦听多路访问），这项技术也被认为是以太网的代表名片。CSMA/CD 的控制流程如图 2.5 所示。

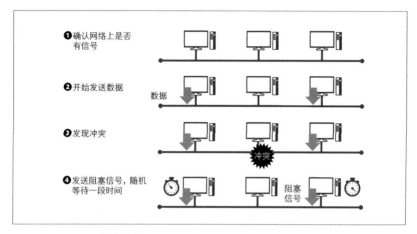

图 2.5 CSMA/CD 的控制流程

各台终端设备首先持续接收网络上的信号并进行检测（❶），当确认没有其他终端设备发送数据时，开始发送数据（❷）。如果发现因与其他终端设备发送的数据冲突而导致数据出错（❸），就发送一个称为阻塞信号（jam signal）的特殊信号（❹），通知其他终端设备检测到了冲突。之后，检测出冲突的设备停止发送数据，随机等待一段时间后再重传数据。

随后，逐渐高速化的以太网作为 OSI 参考模型第 1 层、第 2 层的网络协议，与作为第 3 层、第 4 层协议的 TCP/IP 一起，广泛应用于全世界的有线 LAN 中。

2.2

TCP 发展期
1980 年—1995 年

TCP/IP 协议是为了实现通信设备间数据传输的可靠性而开发的协议。进入 20 世纪 80 年代之后，TCP/IP 不断发展，添加了拥塞控制等诸多新功能。本节就介绍一下 20 世纪 80 年代到 20 世纪 90 年代前半期这段"TCP 发展期"。

拥塞崩溃问题浮出水面（1980 年） 网络流量增加

拥塞指网络出现拥堵的情况。在 TCP/IP 刚开发出来时，由于网络流量不大，拥塞这一现象并不为大众所知，也没有成为问题。因此，TCP/IP 等当时的网络协议都没有拥塞控制功能。所谓拥塞控制功能，指的就是控制或避免拥塞的功能。

进入 20 世纪 80 年代，互联网上的流量逐步增长，拥塞问题日渐突出。特别是 TCP 网络一旦进入拥塞状态，如果不进行任何拥塞控制，就很难摆脱拥塞的状况。

在 TCP 中，发送的数据包如果丢失，发送方设备就会进行重传。在拥塞之后更容易发生数据包丢失，而这会导致重传更加频繁。因此，拥塞越严重，丢失的数据包便越多，进而重传也就越多，导致拥塞进一步恶化，这是一个恶性循环。这种状态如果一直持续下去，在最坏的情况下，网络可能会崩溃（图 2.6）。这种现象称为**拥塞崩溃**。进入 20 世纪 80 年代后，人们开始担心拥塞崩溃的发生。

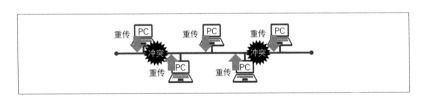

图 2.6 拥塞崩溃

引入 Nagle 算法（1984 年） 用于防止拥塞崩溃的拥塞控制相关技术的先驱

1984 年的 Congestion Control in IP/TCP Internetworks（IP/TCP 互联网上的拥塞控制，RFC 896）中提出了 Nagle 算法，其目的是减少 TCP/IP 网络上待发送数据包的数量。可以肯定地说，Nagle 算法是一切为了防止 TCP/IP 网络出现拥塞崩溃而进行的拥塞控制相关技术的"鼻祖"。

Nagle 算法的提出源于 Telnet 等应用程序每次发送的都是 1 字节左右的极小的数据单位。哪怕数据的有效载荷[①]（payload）只有 1 个字节，当其在网络中被发送出去时，也必须依次加上 TCP 的 20 个字节和 IP 的 20 个字节首部，此外还要加入以太网的 14 个字节的首部和 FCS 的 4 个字节，最终组成长达 59 个字节的数据。当时的通信速度远比现在慢得多，如此巨大的系统开销影响极大。如果 Telnet 会话的关键操作以 1 字节为单位发送数据，那么就必须连续大量地发送这种小包，这很可能引起拥塞。

因此，Nagle 算法采取以下策略，即"将多个待发送的数据缓存起来，合并发送"（图 2.7）。

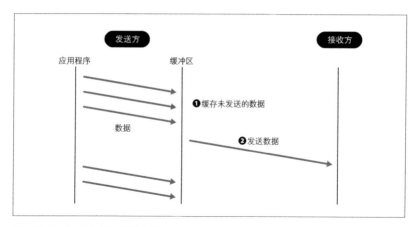

图 2.7 Nagle 算法的流程示意图

Nagle 算法的具体步骤如下所示。

❶ 发送方将未发送的数据存储在缓冲区中；

❷ 如果未发送数据的累计大小超过 *MSS*，或者所有已发送的包都收到了对应的 ACK，再或者出现了超时，就把数据发送出去。

然而，Nagle 算法并非适用于所有环境的万能算法，而是针对当时的

---

① 真正待发送的实际数据本体。

网络环境和特定的应用程序的有效对策。话虽如此，Nagle 算法对于后世技术的影响也不可谓不大，它不仅让人们认识到了 TCP/IP 网络中拥塞崩溃问题的危险性，更促进了针对性解决方案的引入。

引入拥塞控制算法（1988 年） 根据情况调节数据发送量

1986 年 10 月，接入阿帕网的 **NSFnet** 发生了拥塞崩溃。NSFnet 由 NSF（National Science Foundation，美国国家科学基金会）于 1986 年建立，是一个为访问超级计算机提供支持的网络。拥塞崩溃导致其吞吐量由 32 Kbit/s 降到 40 bit/s，实际上降低到了原先千分之一左右的水平。虽然拥塞崩溃早在许多年前便一直令人担忧，但直到这次真正发生了，崩溃所造成的巨大影响才开始被人们广泛了解。

为了防止再次出现此类拥塞崩溃事件，**拥塞控制算法 Tahoe** 于 1988 年被提了出来。下一章会详细介绍拥塞控制算法，所以本节就只介绍一下此算法的大致流程与意义。

Tahoe 的工作流程如图 2.8 所示。发送方先缓慢增加数据发送量（❶），当检测到拥塞发生时（❷），就减少数据发送量（❸）。Tahoe 的目标是通过这一系列操作，使网络恢复到正常状态。

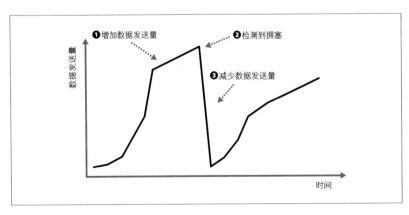

❶增加数据发送量　❷检测到拥塞　❸减少数据发送量

数据发送量

时间

图2.8 Tahoe 的拥塞控制流程

总的来说，各台终端设备不再以自己获得发送机会为中心行动，而是开始考虑"根据实际情况调整发送量"。Tahoe 在检测到拥塞之后，会将数据发送量调节到一个非常小的值，因此相比后面开发的算法，其带宽利用率相对较低，然而从"为 TCP 增加了拥塞控制"这一点来看，Tahoe 的作用仍然举足轻重。

往互联网的迁移与万维网的诞生（1990 年） 由应用程序推动的迁移

20 世纪 80 年代后半期，"互联网"一词开始成为指代由阿帕网与 NSFnet 相连而构成的网络的专有名词。

前文已经介绍过，TCP/IP 是将必要功能缩减到最小集的简单协议。不仅如此，TCP/IP 无须在意底层的物理网络构成，因此具有"与现有的其他网络通信十分容易"的优点。各个相互连接的网络，就这样形成了世界规模的 TCP/IP 网络。虽然后来阿帕网项目停止了，但那时"互联网"这一专有名词已经固定了下来。

随后，万维网（World Wide Web，WWW）于 1990 年被提出，接着 Web 网页、Web 浏览器也被开发出来。世界上第一个 Web 网站已被 CERN（European Organization for Nuclear Research，欧洲核子研究组织）复原出来，所以现在我们也可以一览其风采（图 2.9）。

在万维网中，组成 Web 页面的文档都是由 HTML 之类的超文本（hypertext）语言编写的。超文本指的是这样一种机制：在文档中插入其他文档的链接（hyperlink，超链接），使网络上的文档可以互相引用。后来，HTML 由于语法也比较简单易懂，所以广泛地普及开来。

此外，这个时期**互联网服务提供商**（Internet Service Provider，ISP）开始出现，互联网接入逐步走向商业化。随后，万维网作为互联网上主要的应用程序被广泛地推广，与此同时，TCP/IP 也作为互联网所使用的协议而飞速普及。

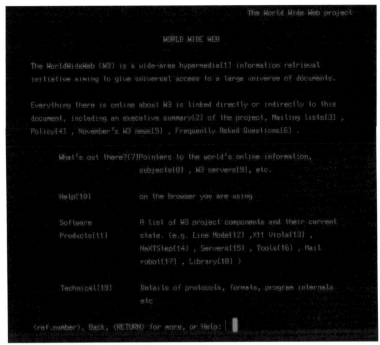

※ 源自 CERN 官方网站。

图 2.9 世界上第一个 Web 网站（复原版）

2.3

TCP 普及期

1995 年—2006 年

从 20 世纪 90 年代中期开始，具备拥塞控制等基本功能的 TCP 随着互联网面向普通用户的广泛普及而迅速推广开来。本节就简单介绍一下这个 "TCP 普及期"。

Windows 95 发售（1995 年） 与操作系统一起普及的 TCP/IP

1995 年，微软发售了面向大众的桌面操作系统 Windows 95。Windows 95 支持 GUI（Graphical User Interface，图形用户界面），与当时的其他操作系统相比，它极具革新性，发售之初便广受讨论，甚至成了社会现象般的热门话题。后来，它更是广泛流行，成了桌面操作系统的默认标准。

TCP 历史上最重要的一个节点，就是 Windows 95（从 OSR 2 开始）**默认支持 TCP/IP 协议**。随着互联网大面积推广，万维网也流行开来。在这个背景之下，Windows 95（从 OSR 2 开始）基于"让普通用户更容易地接入互联网"的商业战略，将发售版本设计为"在初始配置的情况下便可以使用 TCP/IP 协议"。受此影响，"使用 TCP/IP 接入互联网"的方式开始在不怎么熟悉互联网的人群中推广开来。

IPv6 投入使用（1999 年） 缓慢推进的 IPv6 迁移

当时，IP 地址主要使用 IPv4 的 32 位地址。20 世纪 80 年代以前，IP 地址被批量分配给各个组织。随着 20 世纪 90 年代互联网用户激增，有人指出了 IP 地址可能枯竭的问题。

作为解决方案而开发出来的就是 IPv6，由于它采用 128 位地址，所以实际上可以使用的 IP 地址接近无限个。1999 年，IPv6 地址开始分配。

然而，从不同 IP 版本的 AS[①]（Autonomous Systems，自治系统）的数量变化（图 2.10）上可以看出，旧的 IPv4 在 IPv6 出现之后仍被长时间使用，IPv6 的普及其实花费了相当长的一段时间。2010 年左右，IPv6 终于发展起来，IP 地址向 IPv6 的迁移也不断往前推进。后来，随着互联网上 TCP 通信终端设备的增加，IP 地址向 IPv6 的迁移也在不断进行。可以说，IP 地址向 IPv6 的迁移是 TCP 相关技术发展的重要背景。

---

① 主要指 ISP 网络。

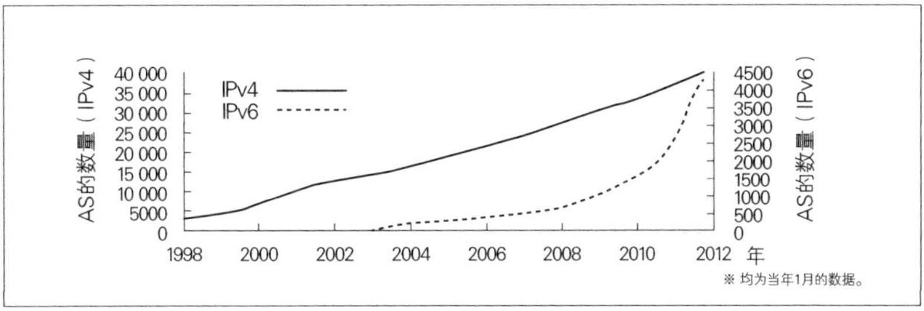

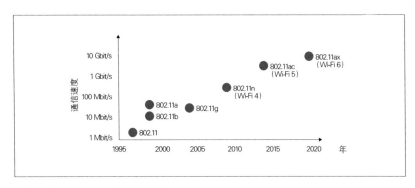

※ 出处: IPv6 takes one step forward, IPv4 two steps back in 2012

图 2.10 不同 IP 版本的 AS 的数量变化

无线 LAN 出现（1999 年） IEEE 802.11

　　有线通信曾经因其在速度和可靠性上的明显优势而被广泛使用，但在 2000 年前后，**无线通信**开始逐渐流行起来。

　　无线通信接入互联网时最常用的标准就是**无线 LAN**。图 2.11 展示了无线 LAN 相关的标准。无线 LAN 的总称是 Wi-Fi。1999 年，IEEE 802.11b（2.4 GHz 频段）和 IEEE 802.11a（5 GHz 频段）被先后制定出来。随后，IEEE 802.11g、IEEE 802.11n（Wi-Fi 4）和 IEEE 802.11ac（Wi-Fi 5）等多个标准也被制定出来，相关的产品也开始发售。

图 2.11 IEEE 802.11 标准化的历史

　　不仅如此，截至 2019 年，IEEE 802.11ax（Wi-Fi 6）的标准化仍在推

进之中，它在高速化的同时也在逐步地向更大的范围普及。

IEEE 802.11 的特点是，在 MAC 层使用 CSMA/CA 技术。如前文所述，此技术首先确认周围的节点是否在发送数据，然后才开始发送，其目的便是尽可能地规避多个节点的信号冲突。CSMA/CA 技术虽然简单，但避免冲突的效果很好，对于无线 LAN 来说是一个非常重要的技术。

大部分 TCP 拥塞控制算法是"一旦检测到**数据包丢失**（packet loss，丢包），就减少数据发送量"，因此像 CSMA/CA 这样的底层丢包规避技术，间接对 TCP 通信起了十分重要的作用。

各式各样的互联网应用服务（2004 年—2006 年） 各应用服务特点各异

进入 21 世纪后，随着第 2 代和第 3 代（2nd Generation/3rd Generation，2G/3G）移动通信系统手机的普及，宽带服务和各种互联网应用服务相继登场，并广泛地推广开来。其中，宽带服务采用了由电话线路实现高速通信的 ADSL（Asymmetric Digital Subscriber Line，非对称数字用户线路）、直接将光纤接入普通用户家庭的网络线路 FTTH（Fiber To The Home，光纤入户），以及 CATV（Common Antenna Television，公共天线电视）等线路。

下面列举互联网应用服务中具有代表性的几个例子：任何人都能随意修改的互联网百科全书 Wikipedia（2001 年）、互联网电话服务 Skype（2003 年）、视频分享网站 YouTube（2005 年），以及 SNS 网站 Facebook（2004 年）、mixi（2004 年）和 Twitter（2006 年）等。

从以上例子可以看出，如今仍被经常使用的一些应用服务，在这个时期就已经开始运营了。从图 2.12 可以看出，伴随着各种应用服务的出现，日本的互联网流量不断增长。

从 TCP 通信的视角来看，比较重要的一点是，在互联网上"流量的多少与特性会根据应用服务的不同而变化"。例如，以文本为主的 Web 网站浏览，只需要断断续续地有少量的数据通信即可，而如果是 YouTube 之类的视频分发应用服务，就必须连续下载一定大小的数据。

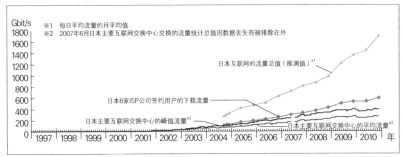

※ 出处:《2011 年信息通信白皮书》(日本总务省)

图 2.12 日本国内的互联网流量变化

只要分析清楚应用程序生成的流量的特征,我们就可以采取相匹配的流量控制方法。因此,关注网络上的流量有时非常重要。

2.4

TCP 扩展期

21 世纪 00 年代后半期—

从 21 世纪 00 年代后半期开始,随着智能手机和 LTE 的普及,以及云服务的推广,互联网上的流量逐步增加,相应的使用方式也不断变化。本节将这一时期称为 TCP 扩展期。

智能手机普及(2007 年) 移动网络连接与 Wi-Fi 连接

21 世纪 00 年代后半期,**智能手机**(smart phone)开始发售,取代了一直以来流行的功能机(feature phone),一瞬间便风靡开来。功能机除了提供通话和短信(Short Message Service,SMS)功能以外,只提供了受限的互联网浏览功能,并不支持安装和删除应用程序之类的功能。虽然智能手机的定义比较模糊,但关于它有一点是毋庸置疑的,即黑莓手机(BlackBerry)是初期智能手机的代表。然而,黑莓手机此时仍然以面向商业为主,普通用户对它并不了解。

智能手机真正的爆发性发展,是从 2007 年 iPhone 的发售开始的。究其原因,是触摸屏支持点击即用的直观操作,以及各种应用程序提供的种种方便功能。现在,iPhone 手机使用的 iOS 操作系统和谷歌开发的安卓操作系统在智能手机操作系统中占据的份额最大。

智能手机与以往的手机一样,需要接入移动网络之中(详见后文)。此外,它一般还搭载了 Wi-Fi 功能。随着各种应用程序的普及,智能手机的功能逐渐多样化,用户使用智能手机的时间也越来越长。从 20 世纪 00 年代后半期开始,移动通信流量增长的势头十分迅猛。

在智能手机带来的网络流量中,除了一般的互联网访问流量,观看视频所占的比例大幅增长,具体情况如图 2.13 所示。另外,向 SNS 投稿照片和视频导致的上传流量增长,以及因 OS 和应用程序定期更新导致的下载流量剧增等现象也引起了关注。

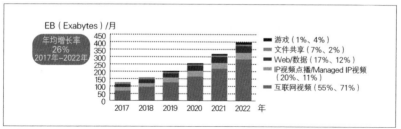

※ 出处:Cisco Visual Networking Index: Forecast and Trends, 2017–2022(Cisco Systems, Inc., 2018)

图 2.13 不同类型的互联网流量变化

云计算出现(2006 年) 远程通信流量增加

通过网络提供计算功能的服务从很早以前就一直存在,但**云计算**(cloud computing)这个词及其概念直到 2006 年—2008 年左右 Google App Engine 和 Amazon EC2 的出现,才一下子普及开来。

以往的(非云类型的)服务或者应用程序通常是安装和搭建在本地计算机系统上的,用户在搭建之后,直接使用本机系统的服务。与之相对,云计算（图 2.14）则是由服务提供商先把系统搭建在数据中心，之后用户通过互联网访问远程的系统，然后使用其中的功能与服务。

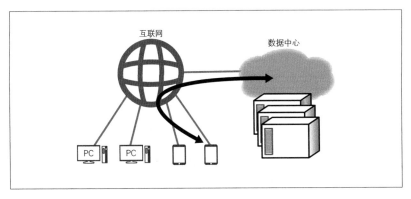

图 2.14 云计算

此类服务提供方式的优点是，用户端只需要一台可以连接到互联网的 PC 或智能手机等普通终端设备即可，因此各种相关的应用服务迅速地普及开来。此外，服务提供商的数据中心集中配置了大量服务器和存储设备，逐步趋向大型化。这就意味着，用户端的设备通过互联网连接到远程的数据中心内的计算机集群时，连接产生的通信流量会变得很大。

移动网络的高速化（2010 年、2015 年） 无线的特点与对 TCP 的性能要求

移动通信系统，也就是**移动网络**（mobile network/cellular network），从诞生之日起便一直在高速化。20 世纪 80 年代，其第 1 代（1st Generation，1G）的通信速度只有几十 Kbit/s，而且只供汽车电话等少数应用程序使用，从第 2 代（2G）开始发展为分组交换式，能支持电子邮件和互联网访问。

之后，第 3 代（3G）通信速度进一步提高，到了 2010 年左右，3.9G 技术 LTE 开始普及。3.9G 从字面含义来看是一个比 4G 稍微落后一点的技术，但是实际上电信从业者却是以 4G 的名义对外提供 LTE 服务的。LTE 的通信速度达到几十 Mbit/s，应用范围逐渐扩大，人们开始使用移动

网络进行浏览视频等操作。

随后，在 2015 年左右，第 4 代（4th Generation，4G）技术 LTE Advanced 开始普及（图 2.15 中的 PREMIUM 4G），其理论上的速度能达到约 1 Gbit/s。此外，2017 年第 5 代（5G）标准完成制定，想必今后会在全世界范围内普及。

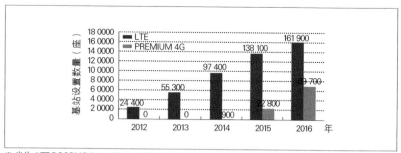

※ 出处：NTT DOCOMO Annual Report 2017

图 2.15 NTT docomo 基站设置数量的变化

移动网络的通信速度逐渐提高，与此同时，使用光纤等固定线路的宽带签约用户数量却增长缓慢（图 2.16）。移动设备产生的网络数据在互联网通信流量中占据的比例不断上升。此外，图 2.16 中所示的 DSL 指的是 ADSL 和与之相似的通信方式，BWA（Broadband Wireless Access，宽带无线接入）则指的是无线高速通信标准，其代表之一是 WiMAX。

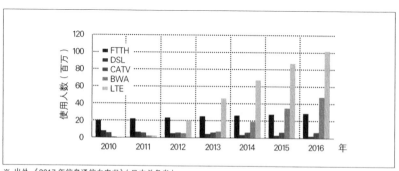

※ 出处：《2017 年信息通信白皮书》（日本总务省）

图 2.16 日本的宽带使用者的人数变化

与有线通信不同的是，当传输媒介是**无线**时，更容易产生比特差错等，这导致通信对 TCP 的性能要求也有所变化。因此，3G 网络下使用的 W-TCP（详见 1.6 节）等几个面向移动端的 TCP 协议被开发出来。W-TCP 设置用于 TCP 中转的网关，网关为移动设备和通信服务器提供中转服务。换句话说，就是在移动终端与网关之间，针对丢包使用更健壮的 W-TCP 进行通信，而在网关与通信服务器之间使用普通的 TCP 协议，通过两者的结合实现更为高效的通信。

物联网的大众化（2015 年）　低功耗、远程的数据通信服务

2015 年左右，"物联网"一词与相应的应用服务火遍各地。"控制各种连接到网络上的物体"的概念本身最早在 20 世纪 80 年代就已经被人们讨论过了，而且也出现了不少实际例子。近年来，随着**智能设备**（smart device）的普及和无线协议的推广，物联网的概念迅速流行开来。

如图 2.17 所示，想必今后在互联网上，物联网相关的流量一定会继续增加。

※ 出处：Cisco Visual Networking Index: Forecast and Trends, 2017–2022（Cisco Systems, Inc., 2018）

图 2.17 物联网相关流量的变化

物联网中使用较多的无线通信协议是被称为 **LPWA**（Low Power Wide Area，低功耗广域技术）的协议群。LPWA 是低功耗、远程通信技术的总称，其通信距离从几百米到几千米不等。LPWA 的代表性技术标准有 LoRaWAN、SIGFOX 和 NB-IoT（Narrow Band IoT，窄带物联网）等。这些技术的主要特点是通过控制传输速度，保持几十 Kbit/s 左右的低速、间断型通信来减

少电力消耗等。

　　此外，物联网设备通常处理性能不高，而且还有一个特征是会有大量设备同时接入互联网中。另外，还有使用电力受限、设备架设之后更新与更换非常困难等情况。

　　由于物联网服务的这些特点，其在 TCP 通信方面的新问题愈发突出。例如，为高性能处理设备设计并经过调优的复杂控制算法在物联网设备上很难顺利运行，或者旨在提高网络速度的拥塞控制算法与低速且安装在不稳定环境中的设备之间的兼容性并不好。第 7 章将详细介绍近年来的这些问题和发展情况。

2.5

小结

　　本章通过梳理不同时期的相关技术动向与出现的各种应用服务，对 TCP/IP 从问世之初的背景到迄今为止的各种变迁进行了介绍。

　　本章首先介绍了 1968 年到 1980 年左右，TCP 基本成形之前的 "TCP 黎明期"。这段时间出现了多项对于 TCP/IP 普及非常重要的技术，例如阿帕网和 ALOHAnet 的搭建、UNIX 和以太网的开发等。总的来说，阿帕网开始使用 TCP/IP 作为通信协议，与此同时 UNIX 系操作系统 BSD 开始默认搭载 TCP/IP 协议，这些都最终推动了 TCP/IP 的普及。

　　接下来介绍了 1980 年到 1995 年左右，新加入了拥塞控制等新功能的 "TCP 发展期"。在这个时期，网络上的流量逐渐增加，拥塞等问题逐渐暴露出来，人们开始担忧拥塞崩溃。针对此问题，Nagle 算法和拥塞控制算法 Tahoe 被开发出来，这些根据情况调整数据发送量的技术被引入 TCP 中。

　　然后，当时既存的各种网络相互连接形成互联网，彼时诞生的万维网也成为主流的应用程序，而 TCP/IP 作为互联网所用的通信协议一下子快速发展起来。另外，1995 年到 20 世纪 00 年代中期被称为 "TCP 普及期"。这段时间，Windows 95 发售，无线 LAN 出现，SNS、YouTube 等各式各样的互联网应用服务面世。TCP/IP 随着互联网向普通用户的普及而快速渗透到方方面面。

最后，本书介绍了 20 世纪 00 年代后半期的"TCP 扩展期"。在这个时期，智能手机和云计算开始普及，移动网络也通过 LTE 和 LTE-Advanced 技术实现了高速化。其结果是，智能手机通过互联网与设置于远程数据中心的云服务器进行通信，此类通信的流量急速增长。到了 2015 年左右，受智能设备与无线通信协议 LPWA 的普及等情况影响，物联网服务也快速推广开来。

TCP/IP 就像这样随着互联网的普及而推广开来，不断地发展进化。不仅如此，新技术和新应用服务的普及又促使 TCP/IP 进行了各种技术改良，最终形成了目前 TCP/IP 所用的各项技术。

下一章将介绍 TCP 的工作机制及各种拥塞控制算法。届时请结合本章所介绍的历史发展情况，去理解各种技术是在什么样的背景下被开发出来的，又有着什么意义。相信理解了这些，一定有助于你更好地掌握现代 TCP 所使用的各项技术机制与算法。

参考资料

- 维基百科

  日文版维基百科"インターネットの歴史"（互联网的历史）条目

  日文版维基百科"ARPANET"条目

  日文版维基百科"ALOHAnet"条目

  日文版维基百科"イーサネット"（以太网）条目
- Joshua Gancher. TCP Congestion Avoidance [EB/OL]. 2016.
- Andrew S.Tanenbaum. 计算机网络 [M]. 熊桂喜，王小虎，译. 北京：清华大学出版社，1999.
- Internet Society. Brief History of the Internet [EB/OL]. 1996.
- 日本总务省. 2017 年信息通信白皮书 [R/OL]. 2017.
- NTT DOCOMO. Annual Report [R]. 2017.
- Cisco Systems, Inc., . Cisco Visual Networking Index: Forecast and Trends 2017—2022 [R/OL]. 2018.

第 **3** 章

TCP 与数据传输

实现可靠性与效率的兼顾

　　TCP 的主要特性是确保了可靠性，即第 1 章所定义的 "将发送方待发送的数据无乱序、无丢失地发送给接收方"。与此同时，TCP 还会规避网络拥塞，尽可能高效地传输数据。

　　可靠性与高效率两者想要兼顾并不容易，TCP 为了这一目标进行了无数次优化。我们可以从无数次优化的背后窥得如何灵巧地控制肉眼无法看见的网络，以及 TCP 艰辛的进化之路。

　　本章将介绍 20 世纪 90 年代所确定的 TCP 的基本功能。

3.1

TCP 的数据格式

数据包与首部的格式

TCP 的功能究竟是基于什么样的机制实现的呢？

本节将介绍传输层通信所使用的数据结构。

数据包格式 　首部与数据部分

不单是 TCP 协议，只要通信设备想要实现协议通信，就必须先定义好数据的格式。

从格式上来说，数据基本上分为两部分：存储传输层控制信息的**首部**和存储应用程序所需数据的**数据部分**。

参与通信的设备根据首部格式中指定位置的信息完成通信。一般来说，一个通信协议的内容是基于"首部定义了什么信息"和"基于这些信息要对设备进行什么样的处理"来确定的。例如，一方如果想让对方进行某种操作，就需要把指示信息写入首部的预定义位置上，然后发送出去；收到数据的设备读取首部中的对应信息，按照指示完成操作。人与人之间靠互相沟通可最终完成任务，而收发数据双方通过首部的信息也能实现人类那样的沟通，并最终完成通信。

TCP 报文段 　MTU、MSS、链路 MTU 获取和分片

TCP 协议追求的第一目标是"确保通信可靠性"，但是也追求"实现高网络利用率的数据传输"。

从效率的观点来看，数据不应被切割成小份传输，而应该整块传输，这样效率才更高。然而，通信链路都有自己的最大数据传输量。这一限制主要是由下层数据链路层规定的，因此 TCP 必须在这个限制下确定传输的数据量大小。接入网络中的设备，通过以太网、PPPoE（Point-to-Point

Protocol Over Ethernet，以太网上的点对点协议）和 ATM（Asynchronous Transfer Mode，异步传输模式）等各种不同的数据链路连接到网络上，不同的数据链路对应的最大帧长度均为固定值。1.6 节简单提到过，此长度称为 *MTU*（最大传输单元）。不同网络的 *MTU* 值如下：以太网是 1500 字节，PPPoE 是 1492 字节，而 ATM 是 9180 字节。近年，由各台设备自行设置 *MTU* 的方式逐渐流行起来。

在一般情况下，数据的传输单位称为包（但如果是以太网这种数据链路层，其传输单位则称为帧）。数据在发送之前，必须先被分割为对应数据链路的最大数据传输量（即 *MTU*）的大小。在 TCP 中，分割之后的包称为"TCP 报文段"。

这时，TCP 能分割的最大包长度称为 **MSS**（Maximum Segment Size，最大段长度）。TCP 首先确定 *MSS* 值，再开始通信。*MTU* 定义在数据链路层，因此它的值的大小是包含了 IP 层首部的。也就是说，*MSS* 的值如图 3.1 所示，是从 *MTU* 中减去 IP 和 TCP 首部的长度之后得到的。包含第 5 层以上的首部的应用程序数据需要被分割或调整为小于等于 *MSS* 的大小。

图 3.1 MSS 的设置

因此，TCP 需要获取所经过链路的 *MTU* 大小，这主要是通过 IP 层的 ICMP 协议实现的。这个过程称为"链路 *MTU* 获取"（path MTU discovery）。得到 *MTU* 之后，*MSS* 值便可结合最小的 *MTU* 值计算出来。

如果不进行链路 *MTU* 获取，TCP 就必须随后进行 **IP 数据包分片**（IP fragmentation，IP 分片），这需要的操作就更多了。因此，要想在 *MTU* 的限制下实现更高效的数据传输，TCP 需要提前设置好合适的 *MSS* 值。

TCP 在分割应用程序传过来的一系列数据时，只将这些数据看作无格式的比特序列。它在彻底忽略应用层的基础上分割数据，并将其发送出去。接收方应用程序要想完整地复原收到的数据，完成通信，就必须通过

TCP 协议确保传输数据的顺序正确与内容完整。

TCP 首部格式

　　TCP 的首部格式如图 3.2 所示。各个字段的具体作用详见后文。这种形式的首部说明图一般是以 32 位为单位绘制的。究其原因，是首部格式的设计考虑到了 32 位计算机。不过这只是一个表达形式，因此即使现在 64 位系统成了主流，大家也无须改变观念。在实际处理中，所有字段的数据都被看作一维数组，是按照行序直接处理的。

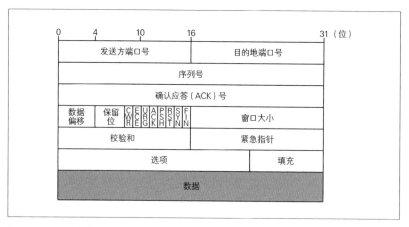

图 3.2 TCP 首部格式

- **发送方端口号**（source port）
  16 位字段，代表发送方的端口号。

- **目的地端口号**（destination port）
  16 位字段，代表目的地的端口号。

- **序列号**（sequence number）
  32 位字段，代表序列号。已发送数据的位置通过此字段来确定，接收方根据此字段来进行顺序控制。当序列号达到最大值时，重新循环回最小值继续使用。

- **确认应答号（acknowledgement number）**

  32 位字段，存储的是与已收到的序列号对应的确认应答（ACK）号。请注意，准确来说，存储的是"接下来期望对方发送的序列号"。换句话说，这一消息代表了"我已经完整无误地收到了这个序列号以前的数据"（在理解 3.4 节以后讲解的详细流程时，这一点很重要）。

- **窗口大小（window）**

  16 位字段，用于通知①发送方"接收方最大能接收的数据大小"，单位是字节。发送方无法发送大于这个窗口大小的 TCP 报文段数据。发送方虽然会采用拥塞控制算法（3.4 节）调整窗口大小（拥塞窗口），但是这个字段通知的窗口大小优先级更高。详见 3.3 节的"流量控制"部分。

- **数据偏移（data offset）**

  TCP 首部由于包含选项部分，所以是可变长的，长度为 20 到 60 字节。因此，需要有信息来指示 TCP 首部之后的数据部分究竟从哪里开始，所以才会有这个数据偏移字段。换句话说，这个字段也代表了 TCP 首部的长度。字段长度总共有 4 位（bit），即取 0 到 15 的值，将其乘以 4 就可以得到最终的 TCP 首部长度。例如，TCP 首部长度为 20 字节，那么这个字段的值就是 5（0101）。

- **保留（reserved）**

  为了今后扩充使用而保留的字段。TCP 标准文档（RFC 768）定义了后文介绍的从 URG 控制位到 FIN 控制位的字段。2001 年的 RFC 3268 文档追加定义了 CWR、ECE 等字段（详见后文），以实现更先进的拥塞控制。

  如下文所述，各个控制位（control flag）合起来构成 8 位字段，当对应的位设置为 1 时，这个控制位就变为有效位，指示设备完成对应的操作。

---

① 也可以说是"广而告之"。

- URG（Urgent Pointer field significant，**紧急指针字段标志**）
  表示本数据包含需要紧急处理的数据。紧急数据的位置由紧急指针字段表示。

- ACK（Acknowledgement field significant，**确认应答字段标志**）
  表示确认应答号字段有效。除了连接建立时的第一条 TCP 报文段以外，其他报文段的此字段必为 1。

- PSH（Push function，**推送功能**）
  代表需要将收到的数据立即交由上一层即应用程序处理。如果为 0，则代表允许存储到缓冲区，过一段时间后再进行处理。

- RST（Reset the connection，**重置连接**）
  用于强制切断连接的字段。当检测到出现异常时，就对数据包内的这个控制位进行置位并将数据包发送出去。例如，当 TCP 发现一个想要与未使用的端口号进行通信的请求时，由于很显然在这种情况下无法完成通信，所以 TCP 就会对此控制位进行置位，然后将数据包发送回去，以便强制终止连接。

- SYN（Synchoronize sequence numbers，**同步序列号**）
  在连接建立时使用。在连接建立时，通信开始时的序列号字段会被设置为初始值。

- FIN（no more data from sender，**发送方无更多数据**）
  代表当前的 TCP 报文段是通信过程的最后一个报文段。在断开连接时使用。

- CWR（Congestion Window Reduced，**拥塞窗口减小**）
  用于通知拥塞窗口大小的减小。它与下面的 ECE 字段一起使用。

- ECE（ECN-Echo，**显式拥塞通知回应**）
  用于通知网络拥塞的发生。当 IP 层检测到丢包之后，IP 首部的 ECN（显式拥塞通知）控制位就被激活。在把数据包交给上一层时，TCP 首部的 ECE 控制位也被激活，并通知到发送方。也就是说，检测数据丢包的是网络层，但是负责通知的是传输层，两者分担不同的任务。跨层处理在一般情况下不会进行，但是有个例外的情况，那就是在不同层之间进行数据传递时是可以的。具体的例子就是 ECE，通过在首部附加信息便可以实现更为灵活的处理。

- **校验和（checksum）**

  16 位字段，用于确认收到的数据是否正确无误。TCP 将 IP 首部的一部分信息[①]（发送方 IP 地址、目的地 IP 地址、协议号和 TCP 包长度）结合起来，按照一定的规则算出一个校验数据，通过确认这个校验数据便可以判断数据是否出现损坏。此功能在 TCP 中是必不可少的。通信链路中的噪声、经过的通信设备中的程序 bug 等问题是导致数据损坏的原因。噪声引起的错误通常可以通过下面的数据链路层的补偿进行处理，因此在传输层，设备故障和程序 bug 是导致数据损坏的主要原因。如果数据损坏，只要发送重传请求，就能收到正确的数据。

- **紧急指针（urgent pointer）**

  只在控制位 URG 字段被设置为 1 时才会使用。这里存储的是数据字段中紧急数据的起始位置。准确地说，紧急指针是以字节为单位的长度值，序列号代表紧急数据的起始，两者组合起来就表示了紧急数据的范围。紧急指针一般会在通信或处理中断时使用。不过具体如何处理，可以交由应用程序决定。

- **选项（options）**

  选项字段是最大可达 40 字节的可变长字段，用于扩展 TCP 的功能。*MSS* 的值在连接建立（详见 3.2 节）时确定，此时便会用到这个选项字段。此外还有一个窗口扩大选项，它用于改善 TCP 的吞吐量。在通常情况下，窗口大小字段如前文所述只有 16 位，因此单次最大传送量为 2^{16}=64 KB。通过此选项，它便可以扩展到最大 1 GB，实现在 *RTT* 较大或宽带环境下更高的 TCP 吞吐量。此外，

[①] IP 首部的这部分信息和 TCP 首部组合在一起，被称为"TCP 伪首部"。发送方 IP 地址、目的地 IP 地址、协议号、发送方端口号和目的地端口号合在一起便是连接的"身份证"，用于识别具体的连接。为了确保这些信息准确无误，这里会基于伪首部计算校验和。IPv4 和 IPv6 采用了相同的设计思路，IPv6 的 IP 地址有 128 位，因此对应的伪首部的长度也更长。

SACK、时间戳等功能（详见 1.6 节）也需要通过选项字段实现。

- **填充**（padding）

  为了将 TCP 首部的长度扩展到 32 位的整数倍，需要以 0 作为空数据进行填充。

- **数据**（data）

  TCP 有效载荷，它存储包含上一层的首部在内的数据，长度小于等于 *MSS*。

UDP 首部格式

UDP 的首部格式如图 3.3 所示。与图 3.2 的 TCP 首部相比，我们可以看出 UDP 首部更加简单，其中只有保存首部与数据的总长度的 16 位字段、发送方与目的地端口号，以及校验和。

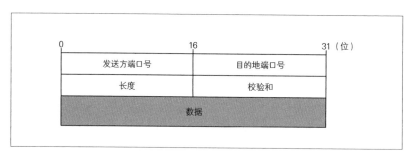

图 3.3 UDP 首部格式

接下来介绍一下各个字段的作用。

- **发送方端口号**（source port）

  16 位字段，表示发送 UDP 数据报一方的端口号。

- **目的地端口号**（destination port）

  16 位字段，表示接收 UDP 数据报一方的端口号。

- **长度**（length）

  16 位字段，表示 UDP 首部与数据部分的总长度。

- 校验和（checksum）

  与 TCP 首部的校验和一样，用于确认全部 UDP 数据报（UDP 首部、IP 地址和端口号）的数据是否损坏。UDP 中校验功能是可选功能。不使用校验功能，就无须计算校验和，因此可以实现更高速的数据传输，但相对地，数据可靠性也会降低。如果要关闭校验，将此字段全部设为 0 即可。

3.2
连接管理
3 次握手

　　TCP 协议建立一对一的通信连接，并管理连接的建立与断开。连接管理本身也是用于确保可靠性的功能之一。本节将介绍 TCP 中的连接管理方法。

建立连接　3 次握手

　　TCP 协议在开始通信之前，会与通信目标建立连接。TCP 是支持全双工通信的协议，因此收发数据双方都需要发送建立连接的请求。连接建立的流程如下所述。

❶ 发送方发送一个设置了 SYN（请求建立连接）的 TCP 包。

❷ 接收方发送一个设置了 ACK 的 TCP 包，这个包同时设置了用于请求建立连接的 SYN。

❸ 发送方针对接收方发过来的 SYN，返回设置了 ACK 的 TCP 包。

　　如上所述，因为是通过 3 次发送数据建立了连接，所以这个过程称为**3 次握手**（three-way handshake）。具体流程如图 3.4 所示。其中，首先发送 SYN 包并开始建立连接的过程称为主动打开（active open）；与之相对，收到 SYN 包并开始建立连接的过程称为被动打开（passive open）。如前文

所述，SYN 和 ACK 都在 TCP 首部的控制位字段部分，因此步骤 ❷ 利用
这一优势同时发送 ACK 和 SYN 以提高效率。

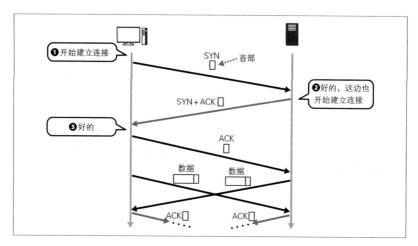

图3.4 3 次握手

断开连接　半关闭

　　断开连接需要通信双方分别进行处理，这种方式称为半关闭（half-
close）。这是因为，TCP 是全双工的数据传输。也就是说，这种数据传输
是一个双向的过程，即使其中一方停止发送数据，另一方也可能仍在进行
数据传输。因此，要想通过半关闭的方式彻底断开连接，需要有 4 次来回
发包的过程。接收方需要在收到与自己发送的 FIN 所对应的最后一个
ACK 之后断开连接；发送方则在发送最后一个 ACK 之后，先等待一段时
间再断开连接。这样做的意义是确认发送方发送的 FIN 没有进行重传，换
句话说，就是确认 ACK 正确无误地传回给了发送方[①]。当双方都断开连接
时，TCP 的连接就断开了。

---

① 原文的这个描述有误。对照图 3.5 和前文描述，发送方指客户端，接收方指服务器。
　　因此前面的"等待一段时间"应该是为了确认接收方（服务器）不再进行 FIN 重
　　传，也就是确认发送给接收方的最后一个 ACK 没有丢失。——译者注

❶ 发送方首先发送 FIN（请求断开连接）。

❷ 接收方发送 ACK，然后发送 FIN[1]。

❸ 发送方收到 FIN 之后，发送最后一个 ACK，并在等待一段时间后断开连接。

具体过程如图 3.5 所示。首先发送 FIN 包的一方的关闭过程称为主动关闭，而另一方的关闭过程称为被动关闭。

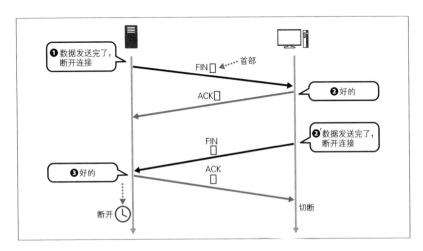

图 3.5 半关闭

端口与连接

应用程序的区分是通过传输层中代表着地址、被称为端口的序号来实现的。第 1 章曾提到，端口号是与应用层协议相对应的。此外，端口号还与网络层的 IP 地址、协议号（TCP 或 UDP）一起用于区分不同的通信。发送方和目的地都有 IP 地址和端口号，换句话说，下页这 5 项的组合便可以确定唯一的一个通信。如果某个通信的其中任意一项有所不同，便可

---

[1] 在发送 FIN 之前，理论上发送方（客户端）仍可以接收数据，接收方是否继续发送数据则取决于上层。——译者注

以认为它是另外一个通信。

- 发送方 IP 地址
- 目的地 IP 地址
- 协议号
- 发送方端口号
- 目的地端口号

　　例如，即使发送方 / 目的地 IP 地址、发送方 / 目的地端口号一样，只要协议号不同，对应的就也是不同的连接。此外，哪怕发送方 / 目的地 IP 地址、协议号、目的地端口号都一样，但如果发送方端口号不同（也就是说是不同的应用程序），那么也是不同的连接。

3.3

流量控制与窗口控制

不宜多也不宜少，适当的发送量与适当大小的接收方缓冲区

　　本节将介绍一下 TCP 数据传输的基本思路。传输的数据量不宜过多，也不宜过少，而是需要根据实际情况适当地进行调节。那么，TCP 究竟需要基于什么信息来确认传输的数据量呢？本节和下一节将具体介绍。

流量控制　窗口与窗口大小

　　接收方设备通常具有临时存储数据的"缓冲区"，用来处理数据。不同的设备，缓冲区的大小也各有不同。接收方首先将收到的数据暂存到接收缓冲区中，然后再交给上层应用程序。接收方如果收到比接收缓冲区更大的数据，就会"无法消化"，导致数据丢失，进而导致发送方进行无意义的重传。

　　TCP 在处理网络拥塞之前，首先必须掌握通信设备的容量上限。因此，接收方需要告诉发送方自己能接收的数据量大小，以实现调节发送

量。这就是**流量控制**。

　　TCP 在数据传输中引入了"窗口"这一概念。发送方在发送 TCP 报文段时，发送数据的大小只要在窗口大小范围内，就可以直接发送数据，无须等待 ACK 返回。在 TCP 的首部中有用于通知窗口大小的字段，接收方会将自己最大能接收并缓存的数据量放在这个字段中，和 ACK 一起发送回去（图 3.6）。这就是 1.5 节提到的接收窗口大小 *rwnd*。

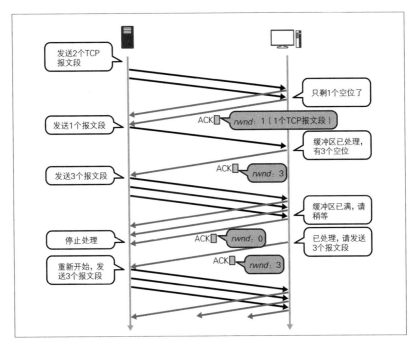

图 3.6 流量控制

缓存与时延

　　当接收方收到超过接收缓冲区大小的数据，或者缓冲区太小时，就会发送接收窗口大小 *rwnd* 为 0 的通知。如前面的图 3.6 所示，在这种情况下，发送方会停止发送数据。当接收方有能力继续处理数据时，就会重新发送 ACK 包，通知发送方可以重新开始发送数据了。

　　然而，如果频繁停止发送数据，就会导致**时延**增大，进而导致传输效率下降。要想保持高传输效率，最好尽可能增大接收窗口大小，同时保证缓冲区存储的数据量大小不超过系统最大的处理能力。

窗口控制　滑动窗口

　　窗口控制指的是发送方一边调整代表了单次可发送数据量的参数，即发送窗口大小 $swnd$，一边传输待发送的数据。具体的控制方法称为滑动窗口，图 3.7 对其进行了简单展示。凡是在窗口内的 TCP 报文段都会被直接发送出去，无须等待 ACK。

　　在图 3.7❶ 中，4 个 TCP 报文段（3、4、5、6）被一次性发送出去，进入等待 ACK 的状态。到了图 3.7❷，发送方收到 3 号 TCP 报文段对应的 ACK 之后，窗口往右滑动 1 格，并且扩大 1 格，随后发送待传输的 7 号和 8 号 TCP 报文段。也就是说，发送方收到 ACK 之后，就发送新的 TCP 报文段。

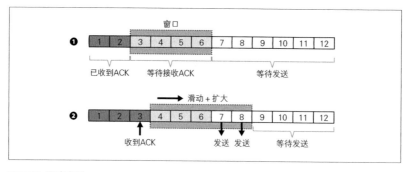

图 3.7　滑动窗口

　　在滑动窗口时增减的窗口容量（窗口大小），是根据拥塞情况由各种算法计算出来的。简单来说，这个窗口大小就是拥塞窗口大小 $cwnd$，它是由下一节将介绍的拥塞控制算法主动确定的。但是，如果被告知的接收方缓冲区大小 $rwnd$ 的值比 $cwnd$ 小，则优先使用 $rwnd$。

复习：流量控制、窗口控制和拥塞控制

至此，本书出现了多种方法，包括流量控制、窗口控制和拥塞控制。接下来，我们整理一下这些方法之间的关系，详见图 3.8。

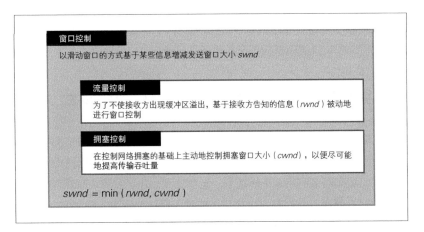

图 3.8 窗口控制、流量控制和拥塞控制之间的关系

首先，窗口控制是上层的概念，核心思路是基于滑动窗口技术传输数据。

其次，确定发送窗口大小的方法有流量控制和拥塞控制两种。流量控制指的是根据接收方告知的可接收和处理的最大窗口大小 *rwnd*，计算出发送窗口大小 *swnd*。显而易见，这是一种被动控制。与之相对，拥塞控制则是指调整拥塞窗口大小，以在确保不出现网络拥塞的前提下，尽可能高效率地传输数据。显然，这是一种主动控制。

最后，比较 *rwnd* 和 *cwnd* 的大小，选择其中较小的值用作 *swnd*。

3.4

拥塞控制

预测传输量，预测自律运行且内部宛如黑盒的网络的内部情况

我们从前文可以看出，"根据接收方缓冲区大小调节数据传输量"是大前提，接下来需要考虑的就是"网络状况"。但是，我们无法看见网络内部，所以如何推测内部的情况并将情况反映到窗口控制上才是关键。

TCP 拥塞控制的基本概念　以"完全不清楚网络内部情况"为前提

互联网这种自律性网络，其中的通信数据总量有多大、网络拥堵情况如何是完全无法预测的。但是，我们不难想象，一旦持续向网络中发送大量数据，那么网络中某个中转接点一定会溢出，并导致网络瘫痪。这种情况称为网络拥塞。在拥塞发生之后（或者人们认为发生了拥塞时），发送方如果进行适当的调整，网络拥塞情况一定能有所改善。从这一点来说，拥塞控制十分重要。

TCP 的拥塞控制算法是以"完全不清楚网络内部情况"为前提，并基于特定参数调整传输量来实现的。

最典型的算法是基于丢包的算法，也就是以 TCP 报文段的丢失为契机调整控制方法。其基本的操作是，如果没有 TCP 报文段丢失，就认为网络比较空闲，可以提高数据传输量；与之相对，如果有 TCP 报文段丢失，就认为网络比较拥堵，需要减少数据传输量。基于丢包的算法，通过反复增减传输数据量完成通信。只要没有 TCP 报文段丢失，就一直增加数据传输量，然后根据 TCP 报文段丢失的出现来判断通信链路的处理极限。

其他的拥塞控制算法包括采用 RTT 的基于延迟的算法，还有把基于延迟和基于丢包结合在一起的混合型控制方法。第 4 章将分别介绍这些算法。

接下来介绍几个基本的拥塞控制算法，它们的思路是通过灵活运用以

下几种算法，对拥塞窗口大小 $cwnd$ 进行控制。

- 慢启动
- 拥塞避免
- 快速恢复

下面我们分别介绍这几个算法的流程。如前文所述，如果接收窗口大小 $rwnd$ 小于 $cwnd$，则优先使用 $rwnd$。但是下文的所有描述都以 $rwnd$ 的值更大为前提，也就是说，我们介绍的是基于 $cwnd$ 的拥塞控制算法流程。

慢启动

应用程序如果在通信之初就发送大量数据，很有可能导致网络拥塞出现。

为了预防这种情况出现，在通信开始时，应用程序遵循名为**慢启动**（slow start）的算法开始发送数据。发送方首先将拥塞窗口大小 $cwnd$ 设置为 1 个 TCP 报文段，然后发送数据。接着，在收到对应的 ACK 后，让 $cwnd$ 增大 1 个 TCP 报文段的大小（为了方便表述，下文设 1 个 TCP 报文段 $=MSS$）。

$$cwnd=cwnd+MSS$$

也就是说，发送方在收到 1 个 ACK 之后，就可以发送 2 个 TCP 报文段了。只要数据发送量没有达到接收方告知的窗口大小 $rwnd$，就一直增加传输量。以从发送 TCP 报文段开始到收到对应 ACK 的这 1 个 RTT 的时间为单位来看，$cwnd$ 的值是呈指数级增大的。慢启动算法可以控制通信初期的数据流量，减少拥塞的发生概率。

慢启动时通信流程、滑动窗口和拥塞窗口大小 $cwnd$ 的变化情况如图 3.9 所示（为了简化，这里将 MSS 设为 1）。

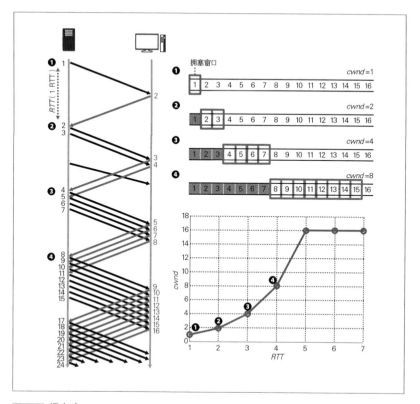

图 3.9 慢启动

　　发送方在 $cwnd$ 为 1 的情况下开始发送数据（❶），当收到 ACK 后，$cwnd$ 增大到 2（❷）、4（❸）、8（❹）。请注意，如 3.1 节所述，ACK 的序号代表接收方尚未收到的数据的序列号。发送方每次收到 ACK 之后窗口都会往右滑动，与此同时发送未发送的数据。当增大到 16 之后，$cwnd$ 的值便不再增大，而是保持不变。之后，即使收到 ACK，$cwnd$ 也不会再增大，发送方则会发送与收到的 ACK 数量相同的新 TCP 报文段。

拥塞避免

　　在慢启动的过程中 $cwnd$ 呈指数级增大，因此数据传输量会随着时间的推移而快速增大。如果在 TCP 报文段丢失之后，发送方仍按照慢启动的方法发送 TCP 报文段，很有可能导致再次拥塞。

为了防止这一情况出现，**拥塞避免**（congestion avoidance）算法被提了出来。在进行重传时，该算法将慢启动阈值 ssthresh（slow start threshold）设置为 cwnd 值的一半，当 cwnd 增大到 ssthresh 之后，再减小每次收到 ACK 之后拥塞窗口的增大幅度。具体的公式如下所示。

$$cwnd = cwnd + MSS / cwnd$$

采用新的增大方法后，窗口大小会相对于 RTT 进行线性增大。最终的结果是，窗口大小会缓慢地增大到之前拥塞发生时的值。

此时的通信流程、滑动窗口和窗口大小的变化情况如图 3.10 所示。图中展示的，是假设当 cwnd=8 时发生了拥塞和重传，随后 ssthresh 被设为 4，然后经过慢启动，cwnd 到达 4 之后的整个流程示例[①]。

发送方首先发送 4 个 TCP 报文段（❶），随后在收到 4 个相应的 ACK 之后，将 cwnd 增大 1，并发送 5 个 TCP 报文段（❷）。之后，它以同样的思路，每次接收到个数与 cwnd 值相同的 ACK 之后，就将 cwnd 增大 1，慢慢地增加数据传输量（❸❹）。从窗口大小的变化就可以看出，慢启动阶段 cwnd 呈指数级增大，而在进入拥塞避免阶段（❶ 以后）后则呈线性增大，即增大趋势放缓了。换句话说，cwnd 增大到之前发生拥塞时候的值所用的时间更长了，所以可以传输更多的数据。

[①] 这里介绍的顺序其实是颠倒的，有关重传之后慢启动的流程请参考 3.5 节的内容。

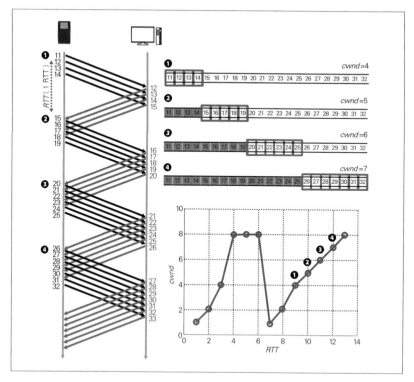

图 3.10 拥塞避免

快速恢复

　　拥塞避免算法是为了使数据发送量不那么快到达会导致拥塞发生的大小而采取的一系列改良措施。此外，当 TCP 发现拥塞时，如果每次都重新从慢启动开始，效率肯定不高。因此，为了使重传开始时 cwnd 值不至于过小，一个用于提高传输效率的方案被提了出来。那便是**快速恢复**（fast recovery）。

　　人们通常认为快速恢复在拥塞并不严重的情况下比较有效。如果因为超时而发生重传，则考虑拥塞比较严重，所以使用慢启动更加合适。另外，如果发送方以收到**重复 ACK**（duplicate ACK）为契机判断出现了轻度拥塞并进行重传控制，则是另外一种思路。这一思路称为快速重传（fast retransmit），下一节将详细介绍它的具体流程。这里我们要知道的是，如果在拥塞并不严重的情况下使用慢启动开始重传，就会造成传输量下降的幅度过大，因此需要在进行窗口控制时使用快速恢复算法，以保持一定程度的数据传输量。

使用快速恢复算法时拥塞窗口的变化情况如图 3.11 所示。由于该算法的具体流程需要和快速重传一起详细介绍，所以请大家稍后参考 3.6 节以实际的拥塞控制算法 Reno、NewReno 为例进行的说明。

如图 3.11 所示，假设当时间（t）为 6 时进行了快速重传，那么发送方需要将窗口大小 $cwnd$ 减半，同时将此值作为 $ssthresh$ 保存下来，然后将 $cwnd$ 增大 3 个 TCP 报文段大小。之所以增大 3 个 TCP 报文段大小，是因为在快速重传时，重传过程是以收到 3 个重复的 ACK 为契机开始的，因此发送方可以认为至少有 3 个 TCP 报文段已经发送到了接收方（详见图 3.14）。随后，在重传的 TCP 报文段送达接收方之前，发送方会一直收到重复的 ACK。但是，每次收到重复 ACK 之后，只增加 1 个单位的窗口大小，同时如果窗口内有尚未发送的 TCP 报文段，就发送出去。因此，从 $t=6$ 开始，$cwnd$ 会暂时小幅增大，以避免在检测到拥塞之后出现吞吐量过度降低的现象。在 $t=8$ 时，发送方收到了与重传的 TCP 报文段对应的新 ACK，于是将 $cwnd$ 设置为 $ssthresh$ 的值，并进入拥塞避免阶段。

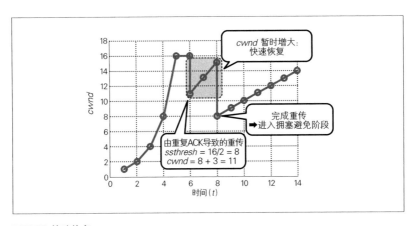

图 3.11 快速恢复

TCP 拥塞控制算法如前文所述，进行下列两种处理。

- 提升传输量，使其尽可能接近拥塞的临界值
- 在检测到拥塞之后重新开始传输数据时，不过度降低传输量

从以上可以看出，TCP 拥塞控制算法的目的就是更高效率地传输数据。Reno 便使用了这个快速恢复算法。此外，NewReno 算法还针对"快速重传～快速恢复"阶段发生的多个 TCP 报文段丢失的问题，进行了相应的优化。

3.5

重传控制

高可靠性传输的关键——准确且高效

要想将数据完整无误地发送给对方，**重传**是最为重要的手段。此外，要想实现高效率的数据传输，TCP 必须干净利落，尽早检查出丢包情况，快速地进行处理。

本节将从思路和功能两方面介绍如何实现准确且高效的重传控制。

高可靠性传输所需的重传控制

如果网络中的 TCP 报文段或者 ACK 丢失，那么对应的 TCP 报文段就会被重传。可以毫无疑问地说，重传是确保传输可靠性的最重要的功能。但同时，传输效率也必须纳入考虑范围之内。以上这些特性是如何作为通信协议的一部分搭载在通信设备中的呢？

当出现以下两种情形时，便可以认为 TCP 报文段丢失了。

- 重传计时器超时
- 收到多个重复的 ACK

接下来我们试着以上述两种情形为契机，重传丢失的 TCP 报文段。

下文将介绍 "❶基于重传计时器的超时控制" 和 "❷使用重复 ACK" 两种重传控制算法。

❶ 基于重传计时器的超时控制

检测数据是否丢失的一个方法是，"判断 ACK 是否到达了发送方"。使用计时器就可以完成检测与判断。在发送完 TCP 报文段之后，发送方便设置一个与该报文段对应的计时器，当发现一段时间内仍没有收到对应 ACK，则代表出现了超时的情况，发送方就会重新发送 TCP 报文段。

实际的流程与滑动窗口的变化情况如图 3.12 所示。当拥塞窗口大小 $cwnd$ 为 8 时，发送方为各个 TCP 报文段设置对应的计时器（❶）。

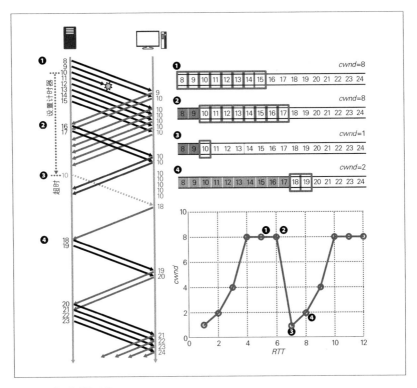

图 3.12 超时后的重传

这里，我们假设 10 号 TCP 报文段丢失了。由于发送方已经收到了 8 号和 9 号 TCP 报文段对应的 ACK，也就是说 8 号和 9 号 TCP 报文段都已经成功发送，所以就将窗口往右滑动，继续发送尚未发送的 TCP 报文段（❷）。将窗口大小 8 设为最大值，此时就不再增大窗口大小。

随后，接收方持续发送请求 10 号报文段的 ACK，而发送方由于在此情况下无法滑动窗口，所以无法发送之后的 TCP 报文段。在此期间，10 号 TCP 报文段对应的重传计时器超时，因此发送方重传 10 号 TCP 报文段，同时将 cwnd 设置为初始值 1（❸）。

之后从慢启动重新开始传输数据。当重传的 TCP 报文段顺利到达接收方，接收会返回请求 18 号 TCP 报文段的 ACK（也就是说，告诉发送方自己已经收到了 17 号之前的 TCP 报文段）。接下来，按照慢启动的窗口控制算法，发送方每次收到 ACK 之后让 cwnd 增大 1 个单位大小（❹）。

虽然每次发送 TCP 报文段都会设置对应的重传计时器，但确定合适的 **RTO**（超时重传时间）非常重要。如果该值过大，会导致传输效率过低；反之，如果该值过小，就会导致虽然可以正确地传输，但是会频繁进行不必要的重传，最终给网络带来额外的压力。从数据发送出去开始到收到 ACK 为止的往返时间 RTT 非常容易受到网络拥堵情况、链路长短等因素的影响。

因此，随时根据 RTT 的值计算出 RTO 的值，才可以动态地适应 RTT 的变化。而实现这一点所必需的，便是根据快速变化的 RTT 计算出 RTO 的方法。下文将介绍两种计算 RTO 值的算法。

一── 以往基于 SRTT 的求值方法　RTO 计算方法①

TCP 标准文档 RFC 743 中规定了根据 *SRTT*（Smoothed Round Trip Time，平滑往返时延）求 RTO 的方法，其中 SRTT 是由 RTT 的测量值平滑计算得到的。此方法的目的是动态地适应 RTT 值的变化情况。SRTT 和 RTO 可以通过以下公式进行计算。

$$SRTT = \alpha \cdot SRTT + (1-\alpha) \cdot RTT$$
$$RTO = \beta \cdot SRTT$$

其中，α 称为平滑因子，RFC 793 中的推荐值是 $0.8\sim0.9$；β 称为时延变化因子，推荐值是 $1.3\sim2.0$。整个过程就是，首先计算 RTT 的值，然后更新 $SRTT$ 的值，最后根据 $SRTT$ 决定到底要使用多大的 RTO 值。

——Jacobson 提出的新算法　RTO 计算方法②

然而，上述的超时重传时间计算方法有个问题，那就是没有考虑 RTT 值的偏差。如果 RTT 的偏差值过大，那么由前面的公式计算出来并进行平滑化后得到的值是无法反映这种剧烈变化的。其结果就是有时 RTO 比 RTT 还要小。也就是说，即使发送方已经成功发送了 TCP 报文段，也会因为错误的判断产生不必要的重传。

因此，1988 年范·雅各布森（Van Jacobson）提出了新的超时重传时间计算方法，这种方法将 RTT 的方差纳入了计算，基于下列公式计算 RTO 的值。

$$Err = RTT - SRTT$$
$$SRTT = SRTT + g1 \cdot Err$$
$$v = v + g2 \cdot (|Err| - v)$$
$$RTO = SRTT + 4 \cdot v$$

$SRTT$ 使用 Err 进行平滑化处理。Err 代表 $SRTT$ 与 RTT 的误差，接下来它会被用作平均评估值。$SRTT$ 的计算是通过每次将 $g1$ 乘以误差值加权平均计算得到的。而 v 是平均偏差值，是通过每次将 $g2$ 乘以误差与平均偏差的差值并加权平均计算后得到的。最后，通过联合 $SRTT$ 与平均偏差值进行计算，可得到 RTO。

之所以计算平均偏差而非标准方差，是因为计算标准方差需要计算平方根，而如果通过平均偏差去计算 RTO，能大幅度减少计算量。此外，$g1$ 和 $g2$ 两个平滑因子都有对应的推荐值，$g1$ 是 0.125，$g2$ 则是 2.25。至于为何计算 RTO 时要在 $SRTT$ 上加上 4 倍的平均偏差值，是因为这里假定所有的 RTT 值都收敛在平均偏差值 4 倍以内。

此方法考虑到了 RTT 的方差，因此也适合 RTT 大幅变化的情况，现在实际运行的算法中大部分采用了此技术。

一——随 RTT 变化而产生的不同表现

图 3.13 展示的是当 RTT 发生变化时，前面两种 RTO 计算方法表现出来的不同结果。以往的 RTO 计算方法 [图中以 RTO（Original）表示] 无法应对 RTT 发生剧烈变化的情形，从图中可以看到会出现 $RTO < RTT$ 的情况。换句话说，这意味着将会有不必要的重传出现。显而易见，考虑了方差的 Jacobson 的算法 [图中以 RTO（Jacobson）表示] 可以有效地捕捉到 RTT 急速增大的变化，能够规避无意义的重传。

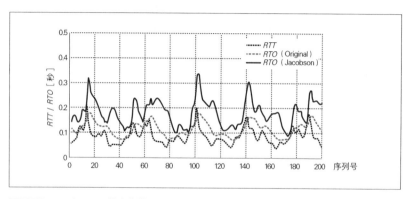

图 3.13 RTT 和 RTO 的变化情况

TCP 标准会在收到 ACK 之后计算 RTT，但是这里有一个问题。由于 ACK 返回需要一段时间，所以如果进行了无意义的重传，那么很有可能会出现这样的情况：使用了重传的 TCP 报文段和与之前发送的报文段对应的 ACK 来计算 RTT 值。这会导致 RTT 值极小，最终使得 RTO 的值也不正确。因此对于重传的 TCP 报文段，就不再计算 RTT 值，以防止这种误操作出现。然而，在这种情况下 RTO 就无法更新，反而会导致 RTO 的值无法有效地反映 RTT 的变化情况。

因此这里引入了一项安全策略，那就是在发生重传时，将 RTO 的值变为 2 倍。如果连续发生重传，RTO 就会指数级增大，这样下去会导致重传的等待时间很长，进而导致效率降低。RTO 最多只能增加到 64 秒，如果超过这个时间，重传仍然失败，协议会认为网络或者接收方主机出现了异常，并强制断开连接。

2 使用重复 ACK　快速重传算法

要完成快速恢复，前提就是保证**快速重传算法**的运行。然而，快速恢复与拥塞避免有关，而快速重传与重传控制有关，两者是相互独立的功能。Tahoe 中只搭载了快速重传，其下一个版本 Reno 中则搭载了快速重传和快速恢复。3.6 节将详细介绍两者的运行机制。

假如总是以超时来判断 TCP 报文段是否丢失，有时需要等待太长的时间，这会导致效率降低。因此研究者提出了使用 ACK 的高效率重传控制方法。当 TCP 报文段丢失之后，接收方接收到的是与期望接收的序列号不同的数据。在这种情况下，接收方会一直发送请求未接收序列号数据的 ACK，直到收到为止，而发送方则一直重复收到请求同一个序列号的 ACK。快速重传算法便是利用了这一特点。

发送方如果连续 3 次收到与此前相同的 ACK，就认为当前 TCP 报文段已经丢失，可以无须等待计时器超时就重传数据。相比超时重传机制，此算法速度更快，因此被称为快速重传。RFC 2581 中记载有此算法和后文介绍的快速恢复算法的详细内容。之所以使用数字 3，主要是因为第 1 次和第 2 次收到重复 ACK 也可能只是因为 TCP 报文段发生了乱序。这只是为了尽可能地减少不必要的重传。

快速重传的逻辑流程如图 3.14 所示。这里，我们假设在发送 8 个 TCP 报文段时，其中的 12 号报文段丢失了。发送方在收到请求 12 号报文段的 ACK 之前，虽然可以发送新的报文段，但是在发送之后会因为无法滑动窗口而导致数据传输停止。当发送方重复收到 3 次请求 12 号报文段的 ACK 时（也就是说，总共收到 4 个 ACK），发送方会认为 12 号报文段已经丢失，并进行重传处理。采用此方法，发送方便可以无须等待重传超时就进行重传，提高了传输效率。

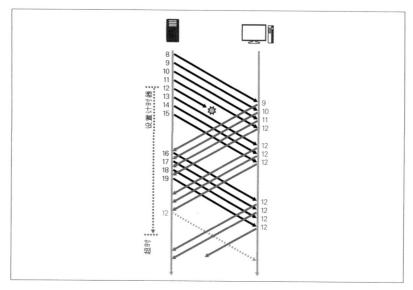

图 3.14 快速重传的流程示例

拥塞避免算法与重传控制综合影响下的流程及拥塞窗口大小的变化情况

图 3.15 展示了在拥塞避免算法与重传控制的综合影响下，拥塞窗口大小 *cwnd* 的变化情况。

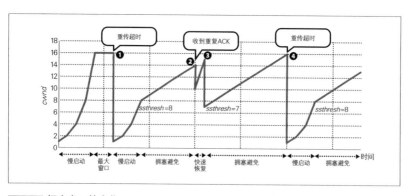

图 3.15 拥塞窗口的变化

　　在发送方刚开始发送数据时，使用慢启动算法，当 *cwnd* 以指数级增大到 16 时，就持续以最大值 16 发送数据。接下来，假设在图 3.15 中的时间点 ❶ 基于超时进行重传。在将 *ssthresh* 设置为当时的 *cwnd* 的一半（也就是 8）之后，进入慢启动阶段，然后等 *cwnd* 达到 *ssthresh* 后进入拥塞避免阶段。

　　在时间点 ❷，发送方由于收到重复的 ACK 而重传数据，并将 *ssthresh* 设置为 14 的一半，也就是 7。而 *cwnd* 的值取 *ssthresh* 此时的值再加上 3 的结果，也就是 10，然后进入快速恢复阶段。随后，在收到重复 ACK 的同时，暂时增大窗口大小，发送尚未发送的数据。

　　在时间点 ❸，发送方在收到与重传的 TCP 报文段对应的 ACK 后，将 *cwnd* 设置为 *ssthresh* 的值 7，进入拥塞避免阶段。之后，在时间点 ❹ 发送方再次出现重传超时，因此开始慢启动，然后进入拥塞避免阶段。

　　通过重复这一系列操作，TCP 实现了在拥堵网络下的高效、灵活且可靠的数据传输。

3.6
TCP 初期的代表性拥塞控制算法
Tahoe、Reno、NewReno 和 Vegas

　　上一节按照功能分别介绍了几种拥塞控制算法。TCP 有多个版本，这些版本各自搭载了上述的一些算法。本节将以 TCP 的初期版本为例，介绍 TCP 在从重传到拥塞控制的各个算法综合作用下的运行流程。

拥塞控制算法的变化

从前文介绍的各种内容来看，TCP 的基本思路如下。

- 在收到 ACK 之后如何增大窗口大小（正常情况下、发生拥塞时）
- 如何确保准确又迅速地进行重传
- 在检测到拥塞时，如何调整窗口大小

　　TCP 从发展期到普及期，都是通过对以上这些问题进行研究及不断改良，才最终实现了更高的性能。在这期间，出现了以下这些算法。

- 使用慢启动、拥塞避免和快速重传算法的 Tahoe
- 使用快速恢复算法的 Reno
- 进一步优化了快速恢复算法的 NewReno
- 使用新窗口控制思路的 Vegas

　　掌握收发双方在时间序列上运行流程的同时，我们也要把握滑动窗口的变化情况，只有这样两手抓才能更好地理解 TCP 算法的具体流程。接下来，本书将对这些算法进行详细解说。

Tahoe　初期的 TCP 算法

　　Tahoe 是初期的 TCP 算法，其所使用的算法有以下 3 种。

- 慢启动
- 拥塞避免
- 快速重传

　　下面以下页的图 3.16 为例，介绍一下 Tahoe 算法的主要流程及滑动窗口的变化情况。

　　首先，当发生重传时，开始由慢启动向拥塞避免状态转移。此时的拥塞窗口大小 $cwnd$ 为 4（❶）。发送方发送 4 个 TCP 报文段（11 号～14 号），然后在每次收到对应的 ACK 之后，按照拥塞避免算法增大 $cwnd$。当收到 4 个 ACK 之后，$cwnd$ 增大到 5，然后发送 5 个 TCP 报文段，也就是 15 号～19 号报文段。

　　假设这个时候 16 号报文段丢失了。接收方已经完整地收到了 15 号之前的 TCP 报文段，所以此时会持续发送请求 16 号报文段的 ACK（❷）。从第 2 个请求 16 号报文段的 ACK 开始都是重复的 ACK，也就是说，由于窗口无法滑动，所以不会发送新报文段。

　　当收到 3 个重复的 ACK 之后（请求 16 号数据的 ACK 其实收到了 4

个），发送方判断 16 号报文段已经丢失，并进行重传（❸）。与之同时，将 *cwnd* 设置为 1，从慢启动重新开始。重传开始后，发送方虽然会再次收到请求 16 号报文段的 ACK，然而由于无法滑动窗口，所以不会发送新的 TCP 报文段。

接收方在收到重传的 TCP 报文段之后，便收到了 20 号以前的数据，因此就会发送请求 21 号 TCP 报文段的 ACK。发送方在收到这个 ACK 之后，将 *cwnd* 增大 1，同时可以发送 2 个 TCP 报文段（21 号和 22 号）（❹）。随后的流程，同样是按照慢启动算法，将 *cwnd* 增大到 *ssthresh* 大小（❺）。

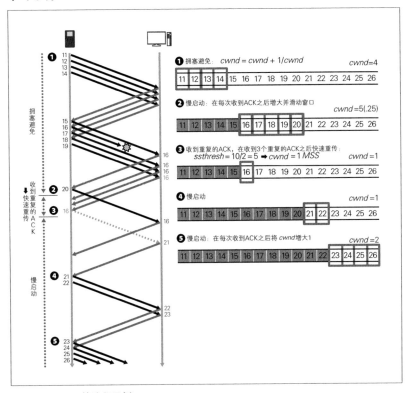

图 3.16 Tahoe 的流程示例

Reno 快速恢复

　　Tahoe 算法在拥塞程度一般的情况下，仍然在快速重传后让 *cwnd* 从最小值开始增大，这种做法其实效率并不高，也就是说有改进的余地。因此 Reno 算法增加了快速恢复的功能。快速恢复如 3.4 节所述，是在快速重传之后仍然继续发送数据的一系列操作。

　　Reno 算法的运行流程和滑动窗口的变化情况如图 3.17 所示。在数据刚开始发送时，从慢启动开始，当 *cwnd* 值达到 8 之后（❶），一部分 TCP 报文段（3 号）丢失。接收方没有收到 3 号报文段，因此重复发送请求 3 号 TCP 报文段的 ACK。此时发送仍处于慢启动阶段，因此在每次收到 ACK 之后，将 *cwnd* 增大 1，同时发送 TCP 报文段数据（❷）。

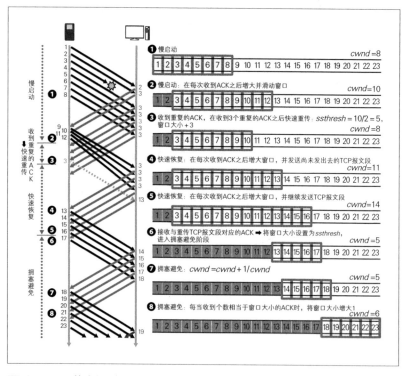

图 3.17 Reno 的流程示例

然后，发送方再次收到请求 3 号报文段的 ACK。此时，发送方进入接收重复 ACK 的阶段，在收到 3 个重复的 ACK 后，它判断当前 TCP 报文段已经丢失，并进行重传，即进入快速恢复阶段（❸）。此时，$cwnd$ 已经增大到 10，因此将 $cwnd$ 的一半加上重复 ACK 次数 3，换句话说，将 $cwnd$ 设置为 5+3=8。此外，将进入拥塞避免阶段后窗口大小的一半，也就是 $ssthresh$ 的大小 5 保存起来。

接下来，发送方虽然还会收到请求 3 号报文段的重复 ACK，但此时每次收到重复的 ACK 之后，就让 $cwnd$ 增大 1。窗口扩大之后，只要窗口中有尚未发送的 TCP 报文段，就将这些数据发送出去（❹～❺）。此时，$cwnd$ 增大到 14。

当收到重传报文段对应的 ACK 之后，就可以认为重传已经完成，此时进入拥塞避免阶段（❻）。将 $cwnd$ 设为 $ssthresh$ 的值（=5），然后在每次收到 ACK 之后，就一边滑动窗口一边发送 TCP 报文段（❼）。随后每当收到个数相当于 $cwnd$ 大小的 ACK 后，就让窗口大小增大 1，也就是说慢慢地增加 TCP 报文段的发送数量（❽）。

Reno 中的快速恢复算法的思路是，在收到重复的 ACK 后，增大拥塞窗口大小。通过这一手段，便可以无须暂停发送数据，从而实现更高的传输效率。

然而，Reno 仍有些问题待解决。具体来说，就是在多个 TCP 报文段丢失时会出现问题。当 2 个以上的报文段丢失时，也可以在收到重复的 ACK 之后进行重传。然而，从图 3.17 可以看出来，即使重传了 3 号 TCP 报文段之后，请求 3 号报文段的 ACK 也会继续发送回来，这就导致想要收到下一个丢失报文段所对应的重复 ACK，要花费更多的额外时间，这很可能导致最终超时。

为了处理这一问题，人们设计了 NewReno，它改良了快速恢复算法。

NewReno　引入新参数（recover）

针对快速重传阶段多个 TCP 报文段丢失的情况，NewReno 算法进行

了相应的改进。接下来,本书也和前面一样,以图示的形式展示 NewReno
算法的流程,请看图 3.18。

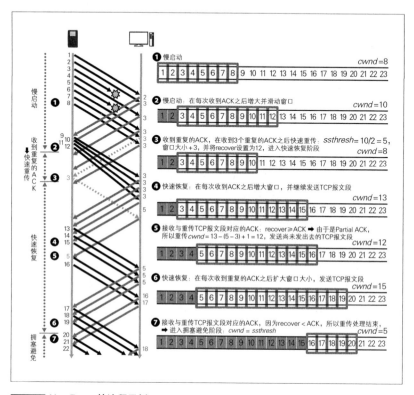

图 3.18 NewReno 的流程示例

假设当 $cwnd$ 的值达到 8 时,丢失了 2 个 TCP 报文段(3 号和 4 号)
(❶)。由于接收方已经正确地收到了 1 号和 2 号的 TCP 报文段,因此发
送方根据返回的 ACK 数据,将窗口大小扩大 2 格,同时滑动窗口,发送
全新的 4 个 TCP 报文段(❷)。接下来,和图 3.17 中的情况一样,发送方
在收到 3 号 TCP 报文段的重复 ACK 之后,进行快速重传(❸),将
$ssthresh$ 设置为 5,将 $cwnd$ 设置为 8。此时,引入新的参数 $recover$。
$recover$ 此时记录的是当前已发送的最大序列号,也就是说,$recover=12$。

随后,进入快速恢复阶段,发送方即使收到重复 ACK,也仍然增大

窗口大小，并同时发送尚未发送的数据（❹）。接下来，它收到与重传
TCP 报文段（3 号）对应的 ACK（❺）。ACK 请求的是之后丢失的 5 号
TCP 报文段。发送方比较刚才记录下来的 *recover* 的值（=12）与 ACK 所
请求的序列号（=5）。显然，从时间点 ❺ 的 recover ≥ ACK 可以看出来，
接收方并非在请求尚未发送的 TCP 报文段[①]。于是，发送方就不再等待 5
号报文段的重复 ACK，而直接重传 5 号 TCP 报文段（❺），并继续遵循
快速恢复算法运行。发送方在收到 5 号报文段的对应重复 ACK 之后增大
cwnd，同时继续发送尚未发送的 TCP 报文段（❻）。接下来，当 5 号 TCP
报文段成功发送之后，接收方就会返回请求新 TCP 报文段（也就是 16 号
报文段）的 ACK。

　　当收到这个请求时，发送方会再次将 *recover* 的值（=12）与 ACK 请
求的序列号（=16 号）进行比较。此时，recover < ACK，也就是说接收
方在请求尚未发送的 TCP 报文段，因此发送方就会认为重传已经完成，
并进入拥塞避免阶段（❼）。

　　如上例所述，NewReno 引入了新的参数 *recover*，通过将 *recover* 与重
传报文段对应的 ACK 请求序列号相比较，便可以判断出下个丢失的 TCP
报文段。利用此方法，快速重传阶段的重传效率会进一步改善。

Vegas　基于延迟的控制方法的出现

　　与以往的基于丢包的控制方法不同，Vegas 是**基于延迟**的控制方法，
使用了 *RTT* 进行窗口控制。Vegas 基于 *RTT* 预测网络的拥堵情况（以吞吐
量为指标），并根据其变化情况调整传输量。因此，丢包量大幅降低，实
现了在保持稳定运行前提下的高吞吐量。

　　Vegas 的拥塞窗口大小的更新公式如下所示。

---

① 此时，如果是 Reno 算法，则会在完成重传之后将窗口大小减小到 *ssthresh*。由于控
　制了数据的发送量，所以很有可能导致请求丢失的 5 号报文段的重复 ACK 的发送
　量大幅度减少。在图 3.18 的例子中，发送方在时间点 ❻ 虽然会因为收到 3 次重复
　ACK 进行快速重传，但是会花费不少时间。总的来说，以往的 Reno 算法，其第一
　个丢失的 TCP 报文段对应的重复 ACK 占据主导地位，这样会导致之后丢失的其他
　报文段所对应的 ACK 很难发送出来。此类 ACK 被称为 Partial ACK（局部 ACK）。

$$cwnd = \begin{cases} cwnd + 1 & （当 Diff < \alpha_v 时） \\ cwnd - 1 & （当 Diff < \beta_v 时） \\ cwnd & （其他） \end{cases}$$

公式中的 α_v 与 β_v 表示发送缓冲区内保存的 TCP 报文段的最小值和最大值，控制思路主要是通过将 $Diff$ 保持在 α_v 与 β_v 之间来调整 $cwnd$。Vegas 的算法依赖于这两个阈值的设置，一般来说，$\alpha_v = 1$，$\beta_v = 3$。此外，$Diff$ 是基于 RTT 计算出来的，代表传输数据量，其计算方式如下。

$$Diff = \left(\frac{cwnd}{RTT_{min}} - \frac{cwnd}{RTT} \right) RTT_{min}$$

RTT_{min} 代表获取到的 RTT 的最小值，而 RTT 是最新的实时 RTT 值。$Diff$ 表示的是最大期望吞吐量（expected throughput）$\frac{cwnd}{RTT_{min}}$ 与实际的吞吐量（actual throughput）$\frac{cwnd}{RTT}$ 之间的差值。当实际吞吐量比较小时，$Diff$ 值就比较大，此时就需要将 $cwnd$ 减小。而实际吞吐量增大后，需要将 $cwnd$ 增大。

Vegas 的拥塞窗口控制概念如图 3.19 所示。其中，横轴是拥塞窗口大小，纵轴是当时的对应吞吐量。因此，期望吞吐量随着窗口大小增加，按比例增长，而根据此期望吞吐量，便可以确定基于某一刻的 $cwnd$ 得到的实际吞吐量。通过将实际吞吐量的值稳定地控制在两个阈值 $\frac{\alpha_v}{RTT}$ 与 $\frac{\beta v}{RTT}$ 之间，便可以完成下一个 $cwnd$ 值的调整。

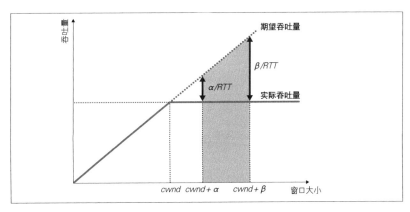

图 3.19 Vegas 中的拥塞窗口变化

3.7

小结

本章介绍了 TCP 的基本功能。我们从这些功能的出现背景中可以很明显地看出，为了能最大限度地有效利用网络通信资源，掌控一片混沌的网络状况，相关研究者必定是花了相当多的功夫才完成了这些功能的设计。

在前文所述的算法中，既有像从 Tahoe 到 Reno、NewReno 这样，发现已具备的功能中的缺陷并增加了新的算法，从而得以进化的例子，也有像 Vegas 这样，因为有了其他的思路而更新功能的例子。此外，也有针对安全性方面的弱点进行改进的例子。网络每时每刻都在变化，或者说都在进化。为了跟上网络进化的脚步，或者说为了进一步地提高效率，人们基于本章所介绍的算法，相继提出了 Scalable、Veno、BIC 和 YeAH 等算法。要理解这些算法的详细理论，重要的是理解 TCP 算法的本质。同时，要理解算法的详细运行流程，从状态变迁的角度思考也非常有效果。

接下来的第 4 章将基于状态变迁情况，通过与模拟得到的数据进行联系与对比，详细介绍 TCP 算法的一系列特点。

参考资料

- 竹下隆史，村山公保，荒井透，等 . 图解 TCP/IP. [M]. 乌尼日其其格，译 . 北京：人民邮电出版社，2013.
- 西田佳史 . TCP 詳説 [EB/OL]. バシフィコ横浜：Internet Week 99，1999.
- 《传输控制协议》(RFC 793).
- 《TCP 慢启动、拥塞避免和快速重传》(RFC 2001).
- 《TCP 拥塞控制》(RFC 2581).
- 《TCP 快速恢复算法的优化版 NewReno》(RFC 6582).
- Van Jacobson，Michael J.Karels. Congestion Avoidance and Control [J]. Proceedings of SIGCOMM, 1988.
- 甲藤二郎，村瀬勉 . TCP (Transimission Control Protocol) の改善 [J/OL]. 電子情報通信学会，3 群 4 編 - 二章，2014.

第 **4** 章

程序员必学的
拥塞控制算法

逐渐增长的通信数据量与网络的变化

    这里再回顾一下"拥塞"这个词,它实际指的就是网络中发生的拥堵现象。关于如何调整 TCP 数据传输量以避免拥塞的研究从未停止过。

    本章首先简单介绍 TCP 的拥塞控制机制,然后通过 Wireshark 和 ns-3 进行模拟,引领大家详细观察拥塞控制算法的执行过程。

    4.1 节介绍拥塞控制的目的、基本设计、状态迁移和拥塞控制算法的基本情况。4.2 节综合介绍各种代表性拥塞控制算法,并从定性和定量两个方面对各个拥塞控制算法进行分析研究。4.3 节使用 Wireshark,分析在虚拟机间进行文件传输时,TCP 的详细运行流程。4.4 节则使用 ns-3,探明无法通过抓包掌握的 TCP 内部变量的详细情况。

4.1

拥塞控制的基本理论
目的与设计，计算公式的基础知识

　　网络（通信网络）通常是由多台设备共享的。因此，假如单台设备随意发送大量数据，就很可能发生数据包拥堵，最终给整个网络带来很大的危害。这种情况便称为拥塞，到现在为止，人们已经针对拥塞避免问题进行了大量的研究。

　　本节将概述 TCP **拥塞控制**的基本理论。

拥塞控制的目的

　　假设把数据包比作车辆，把通信链路（有线、无线）比作道路，把路由器比作交通标识，那么通信网络几乎就是一个"交通网"。显而易见，两者都有出发地和目的地，而且都是用户一起共享整个网络。当进入网络内的"内容"超过网络本身的上限容量时，内部就会发生拥堵，这一点两个网络也一样。

　　通信网络与交通网最根本的不同，便是在发生拥堵时数据包可能直接被废弃[①]。不仅如此，交通网中的司机们都是主观能动地选择道路，而数据包不同，它们没有自己的意志。因此，在通信网络中，发送节点必须在发送数据包前预判网络的拥堵情况，并根据实际情况调整数据包发送量。

　　避免网络中发生**拥塞**的方法，便是拥塞控制技术。经过人们长年的研究，拥塞控制技术不断地进化发展。当发生拥塞时，无法处理的数据包会被废弃，导致发送者与接收者遭受损失。不仅如此，局部网络也会变得无法使用，给其他的使用者带来很大的麻烦。特别是 TCP，由于发送节点需要重新传输未收到确认应答的数据包（**重传控制**），因此会在拥塞时重复发送同一个数据包，导致数据传输量显著下降。正因如此，TCP 的拥塞避免技术一直都是研究的重点。本章将总览这些研究技术成果，并通过

---

① 在交通网中，即使发生了拥堵，车辆显然也不会被废弃。

Wireshark 和 ns-3 确认其详细的运行流程。

此外，一些文献会使用"拥塞避免"（congestion avoidance）一词来代替"拥塞控制"（congestion control），但是由于本书后面的介绍将用"Congestion avoidance 状态"来表示拥塞状态中的一种，所以本书会统一使用"拥塞控制"的表述，以便进行区分。

拥塞控制的基本设计

首先，请大家将网络想象成一个由 TCP 发送节点（TCP sender）、接收节点（TCP receiver）和连接两者的网关所构成的简单网络。接下来，我们基于这个简单网络来介绍一下拥塞控制的整体概念（图 4.1）。

图 4.1 网络构成

TCP 拥塞控制的核心行为如下：发送节点根据收发节点之间的往返时延（*RTT*），以及从接收节点返回的确认应答（ACK）来预测网络的拥堵情况，并基于这些数据调整可发送数据量 *swnd*。

图 4.2 是某个发送节点的 TCP 报文段发送情况。其中 1 号到 6 号报文段已经发送完毕，而 7 号报文段尚未发送。在已发送的 TCP 报文段中，1 号到 3 号已经完成了确认应答（acked），而 4 号到 6 号尚未完成（*inflight*）。

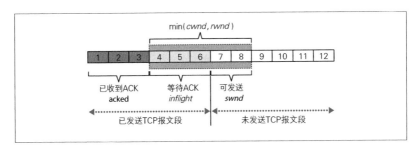

图 4.2 可发送的数据量（swnd）

如第 3 章所述，*cwnd* 指**拥塞窗口大小**，表示发送节点可以一次性发送且不需要等待 ACK 的最大可发送 TCP 报文段数量。而 *rwnd* 是**接收窗口大小**，表示接收节点可接收的最大 TCP 报文段数量，此上限值会由接收节点通知给发送节点。因此，min(*cwnd, rwnd*) 表示在同时考虑到发送节点和接收节点的情况下，无须等待 ACK 便可以一次性发送的 *MSS* 个数。在图 4.2 的情况下，min(*cwnd, rwnd*) 是 5，可发送的 TCP 报文段是 7 号和8 号。将以上过程用公式表示，结果如下。

$$swnd = \min(cwnd, rwnd) - inflight$$

此处值得注意的一点是，发送节点可以直接控制的、能决定 *swnd* 值的变量，只有 *cwnd* 一个。那么，如何控制 *cwnd* 的大小，才能避免拥塞发生呢？

举例来说，如果 *RTT* 值比较大，则可以认为当前网络中有数据包发生了拥堵。此外，如果发送节点收到接收节点发来的多个重复的 ACK，显然可以认为网络中有数据包被丢弃了。无论是哪种情况，此时都需要减小 *cwnd*，竭尽全力控制数据发送量。反之，假如 *RTT* 比较小，就可以认为网络目前比较空闲，没有什么拥堵情况，此时无疑应该增大 *cwnd*，努力增加数据发送量才对。

从直观感受上来看，上述策略无疑完美无缺，然而又有个新的问题。到底 *RTT* 大到什么程度，才可以认为网络发生了拥塞呢？或者，重复收到多少次同样的 ACK 之后，才可以确信有数据包被丢弃了呢？这些问题很难回答。究其原因，通信网络是多台设备共享使用的，发送节点自身无法单独、实时地掌握网络的整体情况[①]。

为了解决此问题，TCP 研究者们提出了一系列的拥塞控制算法。这些拥塞控制算法基于 ACK 去预测丢包和时延，并更新 *cwnd* 的值。

---

① 　然而，如果网络环境本身是由 TCP 发送节点所构建，同时发送节点还可以控制所有的网络内设备的具体运行，那么就是另外一回事了。但是，在这种网络环境下，显然根本不可能发生网络拥塞，也就没必要进行拥塞控制。

拥塞控制中的有限状态机

TCP 拥塞控制算法采用有限状态机（finite state machine），根据情况使用不同的 *cwnd* 计算公式。简单来说，有限状态机就是指拥有有限状态，并且包含这些状态之间的迁移情况的一种数学概念。由于其与工业问题兼容性较好，所以常被用在自动售货机、语法分析、半导体设计和通信协议等多个领域中[①]。

描述拥塞控制算法的有限状态机有许多种。例如，Kurose 等是遵循 RFC 5681 的有限状态机[②]，但由于它是基于丢包的拥塞控制算法，也就是说，它以丢包为契机调整 *cwnd* 值，所以无法支持本书介绍的部分算法（4.2 节将介绍基于丢包的拥塞控制算法）。

本书采用的状态机基于 Linux 的具体实现（`net/ipv4/tcp.h`），具体情况如图 4.3 所示。

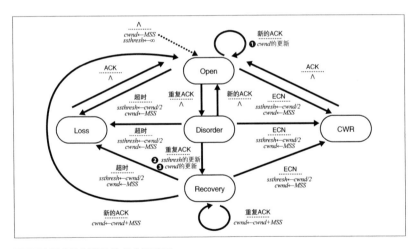

图 4.3 拥塞控制算法的状态迁移图

---

① 由于篇幅有限，本书无法对有限状态机进行详细定义，有兴趣的读者请参考计算机工程教科书来详细学习。

② James Kurose，Keith Ross. 计算机网络（第 6 版）：自顶向下方法 [M]. 陈鸣，译. 北京：机械工业出版社，2014.

———5 种状态

图 4.3 中的有限状态机有以下 5 种状态。

- **Open**：也就是正常状态。包括后文所述的 Slow start 和 Congestion avoidance 状态。收到全新 ACK 时的 $cwnd$ 计算公式（图 4.3❶），在不同的拥塞控制算法中有所不同。
- **Disorder**：在 Open 状态下，如果连续收到 2 次重复的 ACK，便进入此状态。此时可能发生了轻微的网络拥塞。如果再次收到重复的 ACK，便迁移到 Recovery 状态。从 Disorder 进入 Recovery 状态时，$ssthresh$ 和 $cwnd$ 的计算公式（图 4.3❷❸）在不同的拥塞控制算法中也有所不同。
- **Recovery**：在 Open 状态下，如果连续收到 3 次重复的 ACK，便进入此状态。此时很可能发生了严重的网络拥塞。在 Recovery 状态下，如果收到全新的 ACK，则进入 Open 状态。
- **CWR**：收到 ECN（显式拥塞通知）后进入此状态。具体运行与 Loss 状态没有区别。
- **Loss**：RTT 的值比超时重传时间（RTO）大，也就是说是检测到 ACK 超时但尚未收到新 ACK 的状态。此时可能发生了严重的网络拥塞。

———状态迁移图　状态迁移条件与迁移后的行为

图 4.3 这样的图称为状态迁移图。它通常用来描述有限状态机等状态机（state machine）的状态及状态变化，其各个顶点代表状态，而各条边代表状态之间的迁移。各条边旁边的说明性文字中，虚线上面的是迁移条件，虚线下面的是迁移后的行为。

例如，从 Disorder 到 Loss 的箭头旁边有一行黑体字，从中可以看出，在 Disorder 状态下如果超时，则进入 Loss 状态，同时状态迁移之后 $ssthresh$ 会变成 $cwnd$ 的一半，即 $cwnd$ 变成 MSS。在这里，$ssthresh$ 代表从 Slow start 状态迁移到 Congestion avoidance 状态时 $cwnd$ 的阈值，有关这两种状态，请参考后文的介绍。

$\overset{lambda}{\Lambda}$ 表示没有对应的动作，虚线上方的 Λ 表示没有迁移条件。也就是说，箭头前方的状态是初始状态，而虚线下方的 Λ 则表示状态迁移后没有任何动作。

图 4.3 的 ❶～❸ 是拥塞控制算法的各个特点表现得最为明显的部分。4.2 节将以此部分为着眼点，对比代表性的拥塞控制算法。

拥塞控制算法示例 NewReno

4.2 节将详细比较拥塞控制算法，在那之前，我们先来看一下代表性算法 NewReno 的计算公式，了解一下其整体情况。

在 Open 状态下，NewReno 有以下两种子状态。

- Slow Start：当 *cwnd* 小于等于 *ssthresh* 时，进入此状态。在 Slow start 状态下，通常认为通信网络上发生拥塞的可能性较小，因此需要随着时间指数性地增大 *cwnd*。
- Congestion avoidance：当 *cwnd* 大于 *ssthresh* 时，进入此状态。在 Congestion avoidance 状态下，会名副其实地规避拥塞，因此需要随着时间线性地增大 *cwnd*。

综上所述，最终可以得到如下的伪代码。这与图 4.3❶ 一致。

$$
\begin{aligned}
&\textbf{If } cwnd \leqslant sshtresh \\
&\quad \textbf{Then } cwnd \leftarrow cwnd + MSS \\
&\quad \textbf{Else } cwnd \leftarrow cwnd + \frac{MSS}{cwnd}
\end{aligned}
$$

在 Slow start 状态下，每收到 1 个 ACK 就让 *cwnd* 增大 *MSS* 的大小，1 个 RTT 之后 *cwnd* 会变为 2 倍。重复此过程之后，*cwnd* 的增长曲线就是一个相对于时间的指数函数。而在 Congestion avoidance 状态下，每收到 1 个 ACK 就让 *cwnd* 增大 $\frac{MSS}{cwnd}$ 的大小，1 个 *RTT* 之后 *cwnd* 只增大 *MSS* 大

小。重复此过程之后可以发现，显然 *cwnd* 与时间的关系是线性函数关系。

当状态从 Disorder 迁移到 Recovery 时，*ssthresh* 和 *cwnd* 的计算会使用以下伪代码。这与图 4.3❷❸ 一致。

$$ssthresh \leftarrow \frac{cwnd}{2}$$
$$cwnd \leftarrow ssthresh + 3 \cdot MSS$$

专 栏

Linux 中拥塞控制算法的实现

有兴趣的读者请试着研究一下 Linux 中 TCP 的算法实现。我们可以通过"The Linux Kernel Archives"获取 Linux 内核的源代码[①]。

由于篇幅所限，这里只简单介绍。拥塞控制算法主要实现在 `net/ipv4/tcp_{算法名}.c` 的各个文件中。例如，后文描述的 BIC 算法中的关键算法二分搜索（binary search），主要实现在 `net/ipv4/tcp_bic.c` 的 `bictcp_update()` 函数中。读者也可以尝试看看其他各种拥塞控制算法。

NewReno 算法是后续各种拥塞控制算法的基础，这些控制算法大部分重写了 NewReno 的部分计算公式。因此，在接下来的 4.2 节，本书将聚焦于这些算法中所使用的、与 NewReno 不同的计算公式，并以此展示各个拥塞控制算法的特点。

[①] 可通过关键字"The Linux Kernel Archives"搜索其网址。——编者注

4.2

拥塞控制算法
通过理论 × 模拟加深理解

本节介绍具有代表性的拥塞控制算法，具体内容包括这些算法提出的背景和目的、计算公式以及模拟结果。此外，本节还会涉及用于拥塞控制算法分类的 3 种反馈形式。

本书介绍的拥塞控制算法　基于丢包、基于延迟、混合型

人们已经研究出了各种各样的拥塞控制算法。由于篇幅所限，本书无法全部涉及，因此仅将其中具有代表性的一些算法摘录出来展示在图 4.4 中。

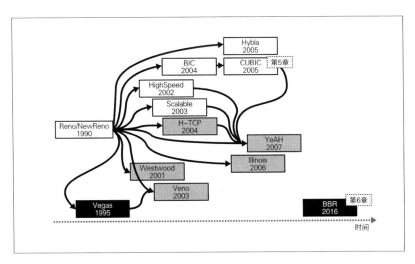

图 4.4 本书介绍的拥塞控制算法

在图 4.4 中，方框内是各个拥塞控制算法的名称与问世年份。横轴是时间轴，越靠近右边的拥塞控制算法，其年代越新。

不同的涂色代表不同的反馈形式，其中白底的是**基于丢包**的算法，黑

底的是**基于延迟**的算法，而灰底的则是**混合型**算法。在更新 *cwnd* 的值时，基于丢包的算法以"丢包"为基准，基于延迟的算法以"时延"为基准，混合型算法则以"前两者的结合"为基准。

箭头主要表示在 Open 状态下的计算公式的沿用关系。从图中可以看出，除了 BBR 以外的所有拥塞控制算法，都部分性地沿用了 NewReno 的思路。由于 CUBIC 是 BIC 的改良版本，所以从 BIC 到 CUBIC 有相应的箭头。YeAH 则根据情况不同选择 NewReno 或其他积极性拥塞控制算法（CUBIC、HighSpeed、Scalable 和 H-TCP）来使用。Veno 名副其实，是一个融合了 NewReno 和 Vegas 的拥塞控制算法。

在近些年提出和实现的拥塞控制算法中，CUBIC 和 BBR 算法尤其重要。CUBIC 是基于丢包的主流拥塞控制算法之一，默认搭载在 Linux 2.6.19 以后的版本中。而 BBR 是基于延迟的主流拥塞控制算法之一。BBR 在 2016 年 9 月由谷歌发布以后，在 Linux 内核 4.9 以后的版本中也可以选择使用，而且 Google Cloud Platform 和 YouTube 等平台也使用此算法。本书第 5 章和第 6 章将分别详细介绍 CUBIC 和 BBR 算法。本节将按顺序介绍其他的 11 种拥塞控制算法，这些算法有助于大家理解 CUBIC 和 BBR 算法。此外，为了行文方便，本书有时可能会使用与原论文不同的符号。

NewReno 拥塞控制算法的参考模型

NewReno 是在 1996 年被提出来的，它针对 1990 年提出的拥塞控制算法 Reno 进行了改良。NewReno 算法通常被当作拥塞控制算法的参考模型。与 NewReno 的亲和性[①]，一般被称为 TCP 友好性或 TCP 兼容性，它可以说是人们对 NewReno 以后的拥塞控制算法的要求条件之一。

——— AIMD

NewReno 的计算公式已经在 4.1 节介绍过了，因此这里就从另外的视角介绍一下 NewReno 的定位。NewReno 及其后的部分基于丢包的拥塞控

---

① 指的是与 NewReno 流量共存时，不会单方面地独占带宽的性质。

制算法可以概括为 AIMD（Additive Increase / Multiplicative Decrease，加法增大 / 乘法减小）。AIMD 是拥有以下特点的拥塞控制算法的总称。

- 在 Open 状态下，拥有 Slow start 和 Congestion avoidance 两种子状态。
  - 在 Slow start 状态下，*cwnd* 呈指数性增大的趋势。
  - 在 Congestion avoidance 状态下，*cwnd* 呈线性增大的趋势（additive increase）。
- 在迁移到 Recovery 状态时，以常数因子（小于 1）对 *cwnd* 进行缩放（multiplicative decrease）。

——AIMD 与计算公式

如果将以上理论总结为公式，则结果如下所示。

$$\textbf{If } cwnd \leqslant ssthresh$$
$$\textbf{Then } cwnd \leftarrow cwnd + MSS$$
$$\textbf{Else } cwnd \leftarrow cwnd + \frac{\alpha \cdot MSS}{cwnd}$$

首先，在 Open 状态下，收到新的 ACK 之后的计算公式（前面的图 4.3❶）可用上面的伪代码表示。α 相当于在 Congestion avoidance 状态下每个 *RTT* 内 *cwnd* 的增加量，在 NewReno 中 $\alpha=1$。

从 Disorder 状态迁移到 Recovery 状态时的计算公式（前面的图 4.3❷❸）可用下面的伪代码表示。β 相当于在往 Recovery 状态迁移时 *cwnd* 的减小比例，在 NewReno 中 $\beta=0.5$。

$$ssthresh \leftarrow (1-\beta) \cdot cwnd$$
$$cwnd \leftarrow ssthresh + 3 \cdot MSS$$

不过，在有的图书与论文中，AIMD 中往 Recovery 状态迁移时的 *cwnd* 计算公式也可能是 $cwnd \leftarrow (1-\beta) \cdot cwnd$。为了与 RFC 5681 统一，本

书采用了上面的计算公式。此外，两者在本质上表示的是同一个动作，仅仅是在表现方式上不同，也就是"重复收到 ACK"这一促成状态变迁的契机是否反映到了 *cwnd* 的计算公式上。

━━━ 基于 ns-3 的模拟结果 NewReno

为了加深理解，这里介绍一下基于 ns-3 的模拟结果。发送节点在图 4.5 的网络下，往接收节点进行 20 秒的文件发送。如果大家下载了本书的源代码，可以很方便地修改条件，进行不同的模拟。有关使用 ns-3 进行模拟的详细流程，请参考 4.4 节。

图 4.5 ns-3 中的网络构成

图 4.6 是发送节点的内部变量的变化情况。第 1 幅图表是 *cwnd*，第 2 幅是 *ssthresh*（图中写作 *ssth*，下同），第 3 幅是 *RTT*，而第 4 幅表示的是状态迁移的情况。需要注意的是，由于 *ssthresh* 的初始值非常大，所以第 2 幅图表中初始值会超出图表的范围（图 4.6❶）。此外，在第 4 幅图表中，灰色部分表示的是对应时刻所迁移到的状态。例如，最初的大约 2 秒时间处于 Open 状态，而之后迁移到了 Recovery 状态。

从图 4.6 可以看到如下文所述的状态迁移情况。首先，模拟刚开始的 1.93 秒左右处于 Open（Slow start）状态，*cwnd* 指数性增大（❷）。在 1.93 秒附近多次收到重复的 ACK 后，经过 Disorder 状态最终进入 Recovery 状态，因此 *cwnd* 大致减半（❸），*ssthresh* 也随之减小（❹）。请注意，由于此时停留在 Disorder 状态的时间非常短，所以图 4.6 的第 4 幅图表无法绘制出这部分状态（❺）。2.7 秒左右收到了新的 ACK，此时虽然瞬间返回到了 Open 状态，但是之后又收到重复 ACK，因此又经过 Disorder 状态进入 Recovery 状态（❻）。经过这一系列状态迁移，*cwnd* 和 *ssthresh* 再次减半（❼❽）。在 3.0 秒附近再次收到新的 ACK，并进入 Open 状态（❾）。

由于处于 Congestion avoidance 状态，所以 *cwnd* 呈线性增长趋势（❿）。从图 4.6 的第 4 幅图表中可以看到有一个小的波峰，从这一点可以看出拥塞之后到达的包的 *RTT* 是很大的（⓬）。

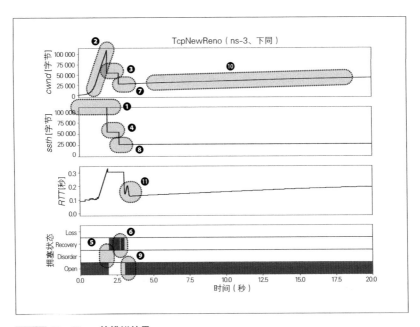

图 4.6 NewReno 的模拟结果

如前文所述，接下来我们将把各个拥塞控制算法中，与 NewReno 计算公式中所不同的部分摘录出来，深入挖掘这些算法各自的特点。

Vegas　具有代表性的基于延迟的拥塞控制算法

以 NewReno 为代表的基于丢包的拥塞控制算法以拥塞事件为契机调整数据发送量，从原理上来说是无法避免拥塞的发生的。为了解决这一问题，基于延迟的拥塞控制算法开始登上舞台，它以 *RTT* 的增减为契机来调整数据量。Vegas 于 1995 年提出，是具有代表性的基于延迟的拥塞控制算法之一。

一——— **计算公式** Vegas

Vegas 把根据 RTT 推算得到的通信链路上的缓存量 $Diff$ 作为唯一指标，来调整数据发送量。在下面的公式中，RTT_{base} 是 RTT 的最小值，而 RTT 是最新的 RTT 值。

$$Diff \leftarrow \frac{cwnd}{RTT_{base}} - \frac{cwnd}{RTT}$$

公式右侧的第 1 项代表期望的发送速率，第 2 项则代表实际的发送速率，它们的差值 $Diff$ 就是通信链路中所缓存的数据的发送速率。Vegas 所有的计算都基于此 $Diff$ 值。例如，从 Slow start 状态迁移到 Congestion avoidance 状态的条件，便是 $Diff$ 值大于一定值。在 Congestion avoidance 状态下，也是将 $Diff$ 与两个阈值 α_{vegas} 和 β_{vegas} 相比较，然后调整 $cwnd$。

If $Diff < \alpha_{vegas}$

 Then $cwnd \leftarrow cwnd + \frac{1}{cwnd}$

Else If $Diff > \beta_{vegas}$

 Then $cwnd \leftarrow cwnd - \frac{1}{cwnd}$

当 $Diff$ 小于 α_{vegas} 时，就可以认为通信链路中并没有缓存多少数据包，也就是说发生拥塞的可能性较低，此时增大 $cwnd$；当 $Diff$ 大于 β_{vegas} 时，也就是说通信链路中缓存了不少数据包，可以认为发生拥塞的可能性较高，于是减小 $cwnd$；当 $Diff$ 在 α_{vegas} 和 β_{vegas} 之间时，就保持 $cwnd$ 不变。$\beta_{vegas} - \alpha_{vegas}$ 的大小是调整 $cwnd$ 稳定性的参数，如果此值较大，则 $cwnd$ 相对比较稳定，但是会导致对 RTT 变化不敏感，最终增加发生拥塞的风险。而如果 $\beta_{vegas} - \alpha_{vegas}$ 的值较小，则虽然能及时响应 RTT 的变化，但会对很小的变化出现过度的反应，造成 $cwnd$ 不稳定。

在 Slow start 状态下，$cwnd$ 计算公式基本上与 NewReno 相同，不过 Vegas 有一点不同，那就是在每次 RTT 变化时会交替计算 $cwnd$ 与 $Diff$ 的值。

———— 基于 ns-3 的模拟结果　Vegas

图 4.7 所示的就是在与 NewReno 相同的条件下进行模拟的结果。从图中可以看出，在 Slow start 状态下，在每次 *RTT* 变化后，*cwnd* 的值都会跟前文所述的一样被更新（图 4.7❶）。进入 Congestion avoidance 状态后，*cwnd* 和 *RTT* 的值比较稳定，这一点可以说是 Vegas 最显著的特征了（❷❸）。从第 4 幅图表可以看出，发送节点在 20 秒内一次也没有收到重复的 ACK，一直保持着 Open 状态发送数据（❹）。这一点可以说是 Vegas 与 NewReno 等一系列基于丢包的拥塞控制算法的最大不同点。

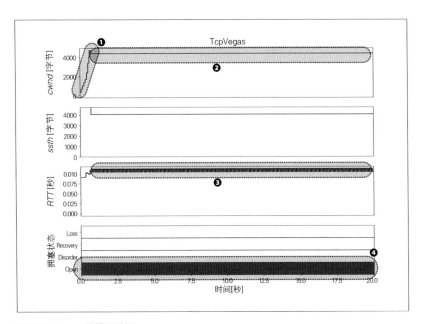

图 4.7 Vegas 的模拟结果

Westwood　面向无线通信的混合型拥塞控制算法

Westwood 于 2001 年提出，是一个主要针对无线通信的混合型拥塞控制算法。当状态迁移至 Recovery 时，NewReno 算法会毫无理由地直接将

ssthresh 值减半。然而在无线通信等即使没有发生拥塞也会出现丢包的网络链路中，这样做会导致带宽利用率恶化[①]。

————计算公式　Westwood

因此，Westwood 根据 ACK 的接收间隔推测端到端的带宽，并以此为基础，提出了状态迁移到 Recovery 时 *ssthresh* 的计算方法（快速恢复）。在下面的公式中，*BWE* 代表根据 ACK 推测的端到端的带宽，而 RTT_{base} 代表 *RTT* 的最小值。

$$ssthresh \leftarrow BWE \cdot RTT_{base}$$
$$cwnd \leftarrow ssthresh + 3 \cdot MSS$$

当状态迁移到 Loss 时，也同样更新 *ssthresh*。需要注意，*cwnd* 会被初始化为 *MSS*。

$$ssthresh \leftarrow BWE \cdot RTT_{base}$$
$$cwnd \leftarrow MSS$$

————基于 ns-3 的模拟结果 Westwood

图 4.8 所示的是在与 NewReno 相同条件下模拟的结果。从图中可以看出，当状态迁移到 Recovery 和 Loss 时，*ssthresh* 的表现与其他拥塞控制算法有所不同。例如，在这个例子中，*ssthresh* 被更新为最小值[②]（图 4.8 ❸），究其原因应该是预测的 *BWE* 值非常小。由于篇幅所限，这里无法详细分析，不过如果使用 4.4 节介绍的 ns-3，并变换各种条件进行模拟，就可以深入研究和分析为何 *BWE* 如此之小。

[①]　与通信链路比较稳定的有线链路相比，无线通信由于电波强度的衰减与变化比较剧烈，哪怕使用了各种技术进行优化，丢包也会在 10^{-2} 左右。

[②]　在 ns-3.27 的实现（`src/internet/model/tcp-westwood.cc`）中，*ssthresh* 的计算结果的下限值是 2 MSS。

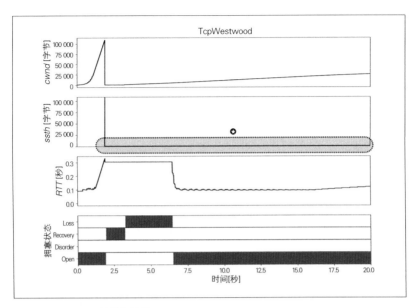

图 4.8 Westwood 的模拟结果

HighSpeed　面向长肥管道的基于丢包的拥塞控制算法 🄵

　　HighSpeed 于 2002 年提出，是一个面向**长肥管道**（long fat pipe，高速、远距离通信链路）的基于丢包的拥塞控制算法。此算法的主要特点是在 Congestion avoidance 状态下 *cwnd* 增幅比较大，在 Recovery 状态下 *cwnd* 值恢复较快。上述操作只在 *cwnd* 大于 W_{thresh} 且丢包率小于 P_{thresh} 时才进行，这样做主要是考虑到在 HighSpeed 和 NewReno 共存的网络中，一旦拥塞发生，HighSpeed 不会单方面占有所有的网络带宽。

　　此外，在面向长肥管道的基于丢包的拥塞控制算法中，具有代表性的除了 HighSpeed 之外，还有 Scalable、BIC 和 CUBIC。本章还会介绍 Scalable 和 BIC，第 5 章则介绍 CUBIC（5.3 节也会介绍 BIC），请大家在阅读的同时，关注一下这些算法之间的异同。

━━━计算公式 HighSpeed

HighSpeed 是扩展了 AIMD 思想的拥塞控制算法。α 和 β 的函数如下所示。此外，P_1（$P_1 < P$）表示丢包率的目标值，W_1（$W_1 > W$）表示 *cwnd* 的目标值。

$$\beta(cwnd) = [\beta(W_1) - 0.5]\frac{\lg(cwnd) - \lg(W_{thresh})}{\lg(W_1) - \lg(W_{thresh})} + 0.5$$

$$\alpha(cwnd) = \frac{2 \cdot cwnd^2 \cdot \beta(cwnd) \cdot p(cwnd)}{2 - \beta(cwnd)}$$

此外，通过满足下面的公式，可以计算得到 *p(cwnd)*。

$$\lg[p(cwnd)] = [\lg(P_1) - \lg(P_{thresh})]\frac{\lg(cwnd) - \lg(W_{thresh})}{\lg(W_1) - \lg(W_{thresh})} + \lg(P_{thresh})$$

━━━基于 ns-3 的模拟结果 HighSpeed

在与 NewReno 相同的条件下，HighSpeed 的模拟结果如图 4.9 所示。从图中可以看出，在 Congestion avoidance 状态下 *cwnd* 的增幅较大（图 4.9❶），而迁移到 Recovery 状态时 *cwnd* 的降幅比较小（❷），这与 HighSpeed 的设计目的一致。

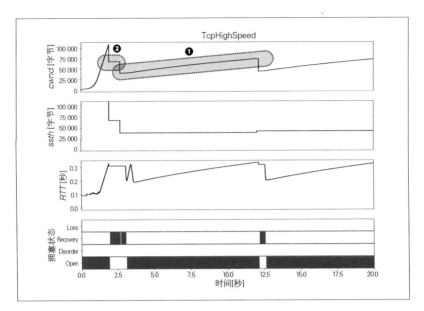

图 4.9 HighSpeed 的模拟结果

Scalable 面向长肥管道的基于丢包的拥塞控制算法 **2**

Scalable 于 2003 年提出，也是一个面向长肥管道的基于丢包的拥塞控制算法。它的特点是在 Congestion avoidance 状态下，*cwnd* 呈指数级增长。

——计算公式 Scalable

在 Open 状态下，Scalable 的计算公式可用以下伪代码表示。此处，α[①] 应满足 $0 < \alpha < 1$。原论文推荐的取值是 $\alpha=0.01$。

> **If** *cwnd* ≤ *ssthresh*
> **Then** *cwnd* ← *cwnd* + *MSS*
> **Else** *cwnd* ← *cwnd* + $\alpha \cdot MSS$

---

① 这个 α 与前面介绍 AIMD 时的 α 不同。

状态往 Recovery 迁移时的计算公式可用与 AIMD 相同的以下伪代码表示。原论文推荐的取值是 $\beta=0.125$。

$$ssthresh \leftarrow (1-\beta) \cdot cwnd$$
$$cwnd \leftarrow ssthresh + 3 \cdot MSS$$

———基于 ns-3 的模拟结果 Scalable

在与 NewReno 相同的条件下，Scalable 的模拟结果如图 4.10 所示。我们从图中可以看出，在 Congestion avoidance 状态下，*cwnd* 是呈指数级增长的（图 4.10❶）。另外，还可以看出，在往 Recovery 状态迁移时，*cwnd* 和 *ssthresh* 的值并没有大幅减小（❷）。而往 Recovery 状态迁移的频率，在本章介绍的拥塞控制算法中，Scalable 算法是最高的（❸）。换句话说，Scalable 是最主动的算法。这和之前介绍的 Vegas 形成了鲜明的对比。

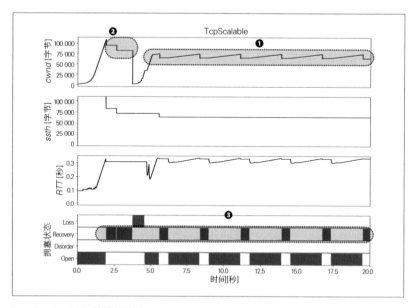

图 4.10 Scalable 的模拟结果

Veno　面向无线通信的混合型拥塞控制算法

Veno 也是 2003 年提出的，它是一个主要面向无线通信的拥塞控制算法。

NewReno 等过去的 AIMD 算法由于无法将随机丢包引起的（与拥塞无关的）重复 ACK 与拥塞引起的重复 ACK 区分开来，所以一直存在无线通信发送速率过低的问题。因此，Veno 使用 Vegas 算法所引入的 $Diff$ 来预测拥塞程度，并以此来规避前述问题。如前文所述，Veno 名称的由来是 Reno 和 Vegas。因为 Veno 使用重复 ACK 和 RTT 来控制数据发送量，所以它属于混合型拥塞控制算法。Veno 也是 AIMD 算法的一种。

━━━ 计算公式　Veno

Veno 算法会持续计算下列公式中的 N 值，并将 N 作为预测通信链路拥塞状况的指标。

$$N = Diff \cdot RTT_{base} = \left(\frac{cwnd}{RTT_{base}} - \frac{cwnd}{RTT} \right) \cdot RTT_{base}$$

在 Open 状态下，计算公式可用以下伪代码表示。请注意，在处于 Congestion avoidance 状态且 $N \geqslant \beta_{veno}$ 时，由于通信链路中缓存了较多数据，所以每收到 2 次 ACK 只会更新 1 次 $cwnd$ 值。

If $cwnd \leqslant sstresh$

　　Then $cwnd \leftarrow cwnd + MSS$，每收到 1 次 ACK

　　Else If $N < \beta_{veno}$

　　　　Then $cwnd \leftarrow cwnd + \dfrac{MSS}{cwnd}$　　　每收到 1 次 ACK

　　　　Else $cwnd \leftarrow cwnd + \dfrac{MSS}{cwnd}$　　　每收到 2 次 ACK 更新 1 次

状态往 Recovery 迁移时的计算公式可用以下伪代码表示。当 $N < \beta_{veno}$ 时，由于通信链路中缓存的数据量比较少，所以可以认为重复 ACK 是因为无线通信中的随机丢包引起的，所以要控制 *ssthresh* 的减小量。

$$\textbf{If } N < \beta_{veno}$$
$$\textbf{Then } ssthresh \leftarrow 0.8 \cdot cwnd$$
$$\textbf{Else } ssthresh \leftarrow 0.5 \cdot cwnd$$
$$cwnd \leftarrow ssthresh + 3 \cdot MSS$$

─── 基于 ns-3 的模拟结果　Veno

在与 NewReno 相同的条件下，Veno 的模拟结果如图 4.11 所示。

由于此次试验发生在几乎不会发生随机丢包的模拟环境下，因此实际得到的结果与 NewReno 基本相同。大家如果使用 4.4 节介绍的 ns-3 调整数据包错误率，并观察 Veno 的运行情况，想必一定会有更深的理解。

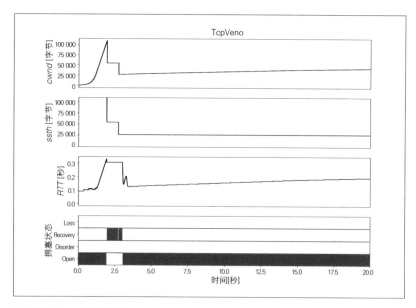

图 4.11 Veno 的模拟结果

BIC 面向长肥管道的基于丢包的拥塞控制算法 **3**

BIC（Binary Increase Congestion control）于 2004 年提出，是一个面向长肥管道的基于丢包的拥塞控制算法。

Scalable 和 HighSpeed 都是面向长肥管道的算法，但它们都有着 RTT 公平性（RTT fairness）较差的问题。所谓的 RTT 公平性，指的是当 RTT 不同的多个网络流并存时，它们之间可以公平地分配带宽的特性。特别是 Scalable 的 RTT 公平性极差，RTT 较小的网络流甚至会独占全部的带宽。这主要是 $cwnd$ 呈指数级增长，两个网络流的 $cwnd$ 之间的差距不断拉大所造成的结果。

一——计算公式 BIC

为了解决这一问题，BIC 提出了让 $cwnd$ 按照对数函数增长的方法。BIC 是通过二分搜索（binary search）寻找最佳 $cwnd$ 的算法。也就是说，将状态迁移到 Recovery 之前的 $cwnd$ 值作为 W_{max}，使用当前的 $cwnd$ 与 W_{max} 中间的值作为新的 $cwnd$。

状态往 Recovery 迁移时的计算公式可用下面的伪代码表示。请注意，当 $cwnd$ 小于阈值 W_{thresh} 时，BIC 的行为与 NewReno 一致。此外，在状态迁移到 Recovery 之前，如果 $cwnd$ 小于 W_{max}，则很有可能出现可用带宽减少的趋势，因此通常会将 W_{max} 设为比平常值更小一点的值（W_{max} 和新 $cwnd$ 中间的值），以实现更快收敛的目的。这称为 Fast convergence（快速收敛）。

$$
\begin{aligned}
&\textbf{If } cwnd < W_{thresh} \\
&\quad \textbf{Then } cwnd \leftarrow 0.5 \cdot cwnd \\
&\quad \textbf{Else} \\
&\qquad \textbf{If } cwnd < W_{max} \\
&\qquad\quad \textbf{Then } W_{max} \leftarrow \frac{cwnd + (1-\beta) \cdot cwnd}{2} \\
&\qquad\quad \textbf{Else } W_{max} \leftarrow cwnd \\
&\quad cwnd \leftarrow (1-\beta) \cdot cwnd
\end{aligned}
$$

在 Open 状态下，BIC 的计算公式可用以下伪代码表示。这里与前面往 Recovery 状态迁移时一样，当 $cwnd$ 小于阈值 W_{thresh} 时，运行逻辑与 NewReno 相同。此外，α_{max} 是 α 的上限值。

$$
\begin{aligned}
&\textbf{If } cwnd < W_{thresh} \\
&\quad \textbf{Then } \alpha \leftarrow 1 \\
&\textbf{Else} \\
&\quad \textbf{If } cwnd < W_{max} \\
&\qquad \textbf{Then } \alpha \leftarrow \frac{W_{max} - cwnd}{2 \cdot MSS} \\
&\qquad \textbf{Else } \alpha \leftarrow \frac{cwnd - W_{max}}{MSS} \\
&\quad \alpha \leftarrow \min(\alpha, \alpha_{max}) \\
&\quad \alpha \leftarrow \max(\alpha, 1) \\
&\ cwnd \leftarrow cwnd + \frac{\alpha \cdot MSS}{cwnd}
\end{aligned}
$$

——基于 ns-3 的模拟结果　BIC

在与 NewReno 相同的条件下，BIC 的模拟结果如图 4.12 所示。从最上面的图中我们可以看出，从 Loss 状态迁移到 Open 状态之后，$cwnd$ 以对数函数的形式逐渐增长并逼近之前的最大值（图 4.12❶）。与 $cwnd$ 呈指数级增长的 Scalable 算法相比，BIC 的主要特点是往 Recovery 状态迁移的频率较低（❷）。

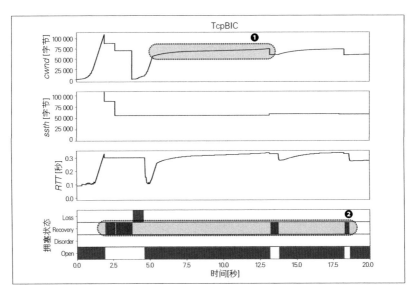

图 4.12 BIC 的模拟结果

H-TCP 面向长肥管道的混合型拥塞控制算法

H-TCP 于 2004 年提出，是一个面向长肥管道的混合型拥塞控制算法。H-TCP 算法的特点是，使用 RTT 等数值计算 AIMD 的 α 和 β 参数。

━━ 计算公式 H-TCP

具体来说，α 是通过以下伪代码计算出来的。在公式中，Δ 表示从刚发生的拥塞事件开始经过的时间。Δ_{thresh} 是需要提前设置的参数。此外，最后的 $\alpha \leftarrow 2(1-\beta)\alpha$ 是实现 TCP 友好性所必需的调整公式。

$$\textbf{If } \Delta \leqslant \Delta_{thresh}$$
$$\textbf{Then } \alpha \leftarrow 1$$
$$\textbf{Else } \alpha \leftarrow 1+10(\Delta - \Delta_{thresh}) + \left(\frac{\Delta - \Delta_{thresh}}{2}\right)^2$$
$$\alpha \leftarrow 2(1-\beta)\alpha$$

而 β 可用以下伪代码计算出来。其中，B 是最新拥塞事件前的吞吐量，B_{last} 是倒数第二个拥塞事件前的吞吐量，RTT_{min} 是 RTT 的最小值，RTT_{max} 是 RTT 的最大值。

$$\textbf{If } \left| \frac{B - B_{last}}{B} \right| > 0.2$$
$$\textbf{Then } \beta \leftarrow 0.5$$
$$\textbf{Else } \beta \leftarrow \frac{RTT_{min}}{RTT_{max}}$$

——基于 ns-3 的模拟结果 H-TCP

在与 NewReno 相同的条件下，H-TCP 的模拟结果如图 4.13 所示。可以看到，在 3.0 秒附近，状态迁移到 Open 之后，$cwnd$ 的增量值随着时间而逐渐变大（图 4.13 ✪）。在这种情况下，即使是长肥管道，也可以有效地利用带宽，但这样会导致拥塞发生时大量数据包被废弃的问题。

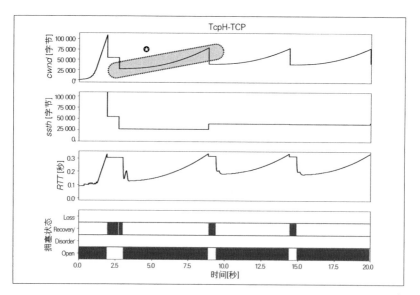

图 4.13 H-TCP 的模拟结果

Hybla 面向 RTT 较大的通信链路的基于丢包的拥塞控制算法

Hybla 于 2005 年提出，是一个基于丢包的拥塞控制算法。众所周知，随着 RTT 逐渐增大，NewReno 算法的 $cwnd$ 和吞吐量会急剧减小。

——计算公式 Hybla

于是，为了能在卫星通信这种 RTT 很大的通信链路上也能有一个不太低的吞吐量，Hybla 像下面这样修改了在 Open 状态下的计算公式。

$$\textbf{If } cwnd \leqslant ssthresh$$
$$\textbf{Then } cwnd \leftarrow cwnd + (2^\rho - 1) \cdot MSS$$
$$\textbf{Else } cwnd \leftarrow cwnd + \frac{\rho^2 \cdot MSS}{cwnd}$$

上面公式中的 ρ 是使用参数 RTT_0 归一化后的 RTT，如下所示。

$$\rho = \frac{RTT}{RTT_0}$$

——基于 ns-3 的模拟结果 Hybla

在与 NewReno 相同的条件下，Hybla 的模拟结果如图 4.14 所示。在 Slow Start 状态下，快速地增大 $cwnd$（图 4.14❶），结果就是迁移到了 Loss 状态（❷）。通过 4.4 节介绍的 ns-3，使用不同大小的 RTT 值进行模拟，并观察 Hybla 的运行，便可以更加深入地理解 Hybla。

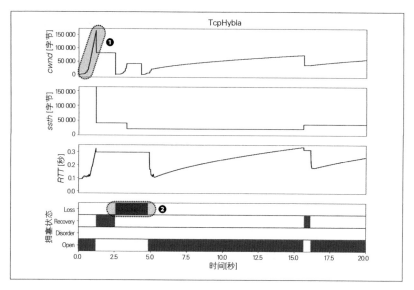

图 4.14 Hybla 的模拟结果

Illinois　与 BIC 形成对比的混合型拥塞控制算法

　　Illinois 于 2006 年提出，是一个面向长肥管道的混合型拥塞控制算法。以往的面向长肥管道的基于丢包的拥塞控制算法，cwnd 在增大的同时，其每次的增量也逐渐变大，因此一旦拥塞发生，就会有大量数据包被废弃。

　　而 Illinois 会根据 RTT 的值调整 AIMD 的参数 α 和 β，以此实现在拥塞极有可能发生时控制住 cwnd 的增量。想必读者可以很容易地察觉到，在问题定义和解决上，BIC 和 Illinois 采用的方法比较相似。

━━━计算公式　Illinois

　　在 Congestion avoidance 状态下，Illinois 每次接收到 ACK 后，就会计算队列时延（详见 5.1 节）d_a 及其对应的上限值 d_m。此处，$T_{\max}$ 是最大的 RTT，而 $T_{\min}$ 是最小的 RTT，T_a 则代表最近 cwnd 次的 RTT 的平均近似值。

$$d_a \leftarrow T_a - T_{\min}$$
$$d_m \leftarrow T_{\max} - T_{\min}$$

以上述的 d_a 和 d_m 为基础，计算中间参数 κ。在这里，$0 < \alpha_{\min} \leqslant 1 \leqslant \alpha_{\max}$、$0 < \beta_{\min} \leqslant \beta_{\max} \leqslant \dfrac{1}{2}$、$W_{thresh} > 0$、$0 \leqslant \eta_1 < 1$ 和 $0 \leqslant \eta_2 < \eta_3 \leqslant 1$ 都是事先设置好的参数。下面的计算公式虽然看起来比较复杂，但它们主要是为了使 α 和 β 的计算函数能够成为连续函数而进行调整之后的结果[①]。

$$d_1 \leftarrow \eta_1 d_m$$
$$d_2 \leftarrow \eta_2 d_m$$
$$d_3 \leftarrow \eta_3 d_m$$
$$\kappa_1 \leftarrow \frac{(d_m - d_1)\alpha_{\min}\alpha_{\max}}{\alpha_{\max} - \alpha_{\min}}$$
$$\kappa_2 \leftarrow \frac{(d_m - d_1)\alpha_{\min}}{\alpha_{\max} - \alpha_{\min}} - d_1$$
$$\kappa_3 \leftarrow \frac{\beta_{\min}d_3 - \beta_{\max}d_2}{d_3 - d_2}$$
$$\kappa_4 \leftarrow \frac{\beta_{\max} - \beta_{\min}}{d_3 - d_2}$$

通过上面公式中的 κ_1 和 κ_2，计算 AIMD 的 α 值。d_a 越大，拥塞可能性越高，α（每个 RTT 的 cwnd 的增加量）也就越小。与上面类似，像下面公式这样设计 κ_1 和 κ_2 的值，也是为了让 α 成为一个连续函数。

$$\textbf{If } d_a \leqslant d_1$$
$$\textbf{Then } \alpha \leftarrow \alpha_{\max}$$
$$\textbf{Else } \alpha \leftarrow \frac{\kappa_1}{\kappa_1 + d_a}$$

此外，使用前述公式中的 κ_3 和 κ_4，计算 AIMD 中的 β。d_a 越大，拥

[①] 详细的导出过程请参考 "TCP-Illinois: A loss- and delay-based congestion control algorithm for high-speed networks" 一文。

塞可能性越高，β（状态迁移至 Recoery 时 $cwnd$ 的减小比例）也就越大。与上面类似，像下面公式这样设计 κ_3 和 κ_4 的值，也是为了让 β 成为一个连续函数。

$$
\begin{aligned}
&\textbf{If } d_a \leq d_2 \\
&\quad\textbf{Then } \beta \leftarrow \beta_{min} \\
&\textbf{Else If } d_a < d_3 \\
&\quad\quad\textbf{Then } \beta \leftarrow \kappa_3 + \kappa_3 d_a \\
&\quad\quad\textbf{Else } \beta \leftarrow \beta_{max}
\end{aligned}
$$

——— 基于 ns-3 的模拟结果　Illinois

在与 NewReno 相同的条件下，Illinois 的模拟结果如图 4.15 所示。从图中可以看出，在进入 Congestion avoidance 状态之前，由于不计算 d_a 的值，所以 Illinois 的行为与 NewReno 一样。随后可以看到，从 Recovery 状态迁移到 Open 状态（Congestion avoidance 状态）之后，$cwnd$ 的增长逐渐放缓（图 4.15 ✪）。

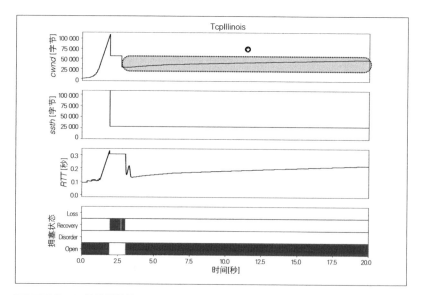

图 4.15 Illinois 的模拟结果

另外，由于基于同样的问题设定而被开发出来的 BIC 算法，自最初的 Open 状态开始就比 NewReno 要积极，所以在这个模拟环境下，BIC 能比 Illinois 更有效地利用带宽。如果使用 4.4 节介绍的 ns-3，使用不同的条件来比较 BIC 和 Illinois，大家应该能有一个更深入的理解。

YeAH 拥有两种模式、面向长肥管道的混合型拥塞控制算法

YeAH（Yet Another Highspeed）于 2007 年提出，是一个面向长肥管道的混合型拥塞控制算法。YeAH 通过分别使用 Slow 和 Fast 两种模式，可以同时满足以下所有条件。

- 长肥管道下带宽利用率高
- 规避 *cwnd* 急剧增长给网络带来的过多负担
- 可以与 Reno 公平地分享带宽（**与 Reno 的亲和性**）
- 可以与 *RTT* 不同的网络流公平地分享带宽（***RTT* 公平性**）
- 在随机丢包方面鲁棒性高
- 即使存在缓冲区较小的链路，也可以发挥较高的性能

一——计算公式 YeAH

YeAH 会针对每个 *RTT* 计算以下公式中的 Q 和 L，并进行模式切换。其中，RTT_{base} 代表 *RTT* 的最小值，RTT_{min} 代表对应 *RTT* 中的 *RTT* 最小值。综上所述，Q 就是通信链路中缓存的数据量。

$$Q \leftarrow (RTT_{min} - RTT_{base}) \cdot \frac{cwnd}{RTT_{min}}$$

$$L \leftarrow \frac{RTT_{min} - RTT_{base}}{RTT_{base}}$$

当 Q 和 L 满足 $Q < Q_{max}$ 和 $L < \frac{1}{\phi}$ 时，YeAH 进入 Fast 模式，否则进入 Slow 模式。这里，Q_{max} 和 ϕ 是可设置的参数。

当处在 Fast 模式下时，YeAH 与 Scalable、H-TCP 算法一样，进行比较积极的拥塞控制行为。而在 Slow 模式下，YeAH 的行为与 NewReno 一致。但是，当 $Q > Q_{max}$ 时，为了减少通信链路中缓存的数据量，会针对每个 RTT 让 *cwnd* 减小 Q。这一点与 NewReno 不一样。

然而，当与 NewReno 等完全不考虑缓冲区 [①] 的拥塞控制算法共存时，YeAH 算法会占据所有减少的数据缓冲区，最终导致无法规避拥塞。因此，YeAH 会根据 Slow 模式和 Fast 模式各自运行的次数，判断当前是否在与这些完全不考虑缓冲区的拥塞控制算法在一起工作，并依据判断结果切换最终的工作模式。

———基于 ns-3 的模拟结果　YeAH

在与 NewReno 相同的条件下，YeAH 的模拟结果如图 4.16 所示。由于 YeAH 自始至终处于 Slow 模式下，所以从图中无法看出与 NewReno 的明显差异。如果使用 4.4 节介绍的 ns-3，观察 YeAH 在长肥管道下的运行情况，大家应该能有一个更深入的理解。

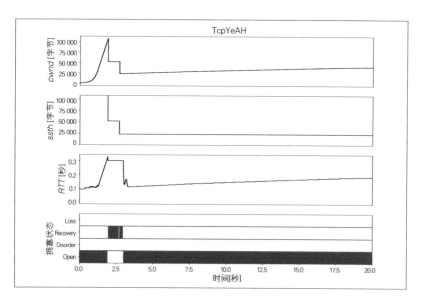

图 4.16 YeAH 的模拟结果

① 原论文中将此行为描述为 greedy（贪婪）。

4.3

协议分析器 Wireshark 实践入门
拥塞控制算法的观察 ❶

百闻不如一见。本节，我们就使用协议分析器 Wireshark 来观察一下拥塞控制算法实际的运行情况。本节将使用 Wireshark 的 TCP Stream Graphs 功能来确认一下序列号、吞吐量、*RTT* 和发送窗口大小的变化情况。此外，本节也会介绍一下在虚拟机上更改拥塞控制算法的方法。

什么是 Wireshark

Wireshark 是最为主流的协议分析器之一。协议分析器是指解析网络中流量的设备与程序。这其中，既有可以运行在个人计算机上的轻量、免费的设备软件，也有工作在专用设备上、面向专业人士的天价设备软件。Wireshark 属于前者。由于 Wireshark 不仅免费，而且功能丰富，所以许多企业、非营利性组织、政府机构和学术机构将其作为默认标准使用。

下面，我们将使用 Wireshark 观察 TCP 拥塞控制算法的行为。

Wireshark 的环境搭建

Wireshark 支持 Windows、macOS 和 Linux，安装也十分简单方便[①]。

本书为了统一运行环境，将使用 VirtualBox 和 Vagrant 在虚拟机上构建 Ubuntu 环境。在笔者执笔时（2019 年 4 月 1 日），后文所述的 ns-3 安装向导暂时不支持 Ubuntu 18.04，因此本书使用 Ubuntu 16.04。本书的模拟主要是通过 Ubuntu 16.04 上启动的 Wireshark，使用 X Window System 在物理机上绘制图像，并以此观察 TCP 拥塞控制算法的行为。这里请再一次确认本书导言中介绍的 VirtualBox、Vagrant 和 X Server 的环境搭建是否完成。

---

① 详细的安装方法请参考 Wireshark 官方网站的介绍。

━━━━网络结构

网络结构如图 4.17 所示。在本书中，我们将安装在物理机上的操作系统称为宿主操作系统，将安装在虚拟机上的操作系统称为客户操作系统。本次模拟将搭建连接两台虚拟机的私有网络，并通过 Wireshark 进行数据抓包，观察通过 FTP 从第 1 台客户操作系统（guest1）向第 2 台客户操作系统（guest2）发送 100 MB 的数据文件时的网络流量情况。

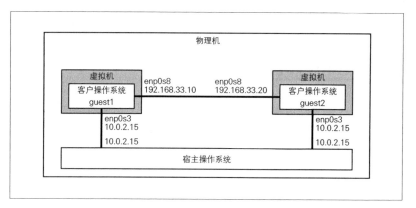

图 4.17 搭建用于 Wireshark 模拟的网络环境

━━━━设置

当确认已经准备好前述的所有环境之后，请将本书的 Github 仓库[①] 克隆到任意目录中。然后，打开其中的 wireshark/vagrant 目录，运行命令 vagrant up。这样就可以在两台虚拟机上搭建 Ubuntu 16.04 的运行环境。

```shell
$ git clone https://github.com/ituring/tcp-book.git
$ cd tcp-book/wireshark/vagrant
$ vagrant up
```

使用以下命令，通过 SSH 连接到客户操作系统上。在登录消息显示

---

① **URL** https://github.com/ituring/tcp-book

之后，命令行提示会变成 vagrant@guest1:~$。

```
shell
$ vagrant ssh guest1

> Welcome to Ubuntu 16.04.5 LTS (GNU/Linux 4.4.0-139-generic x86_64)
>
> * Documentation:    部分省略
> * Management:       部分省略
> * Support:          部分省略
>
> Get cloud support with Ubuntu Advantage Cloud Guest:
>   部分省略
>
> 0 packages can be updated.
> 0 updates are security updates.
>
> New release '18.04.1 LTS' available.
> Run 'do-release-upgrade' to upgrade to it.

vagrant@guest1:~$
```

━━━ Wireshark 的启动与关闭

下面启动 Wireshark。

```
shell
vagrant@guest1:~$ wireshark
```

当看到如图 4.18 一样的画面时，表示 Wireshark 已经启动完成，准备工作也就完成了。此时请先登出，并关闭虚拟机。

```
shell
vagrant@guest1:~$ exit
$ vagrant halt
```

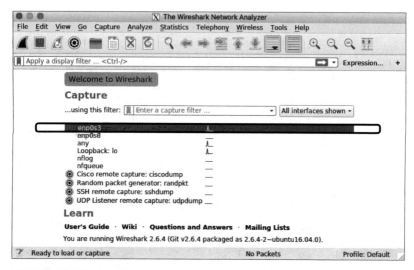

图 4.18 启动 Wireshark

使用 Wireshark 进行 TCP 首部分析

在开始观察拥塞控制算法之前，我们先来学习一下使用 Wireshark 分析 TCP 首部的方法吧。首先，启动虚拟机。

shell

```
$ vagrant up
```

本书的模拟过程需要同时启动 Wireshark 和 FTP 命令，因此要像图 4.19 一样，**同时打开两个 shell**。然后，分别在两个不同的 shell 中登录 guest1。

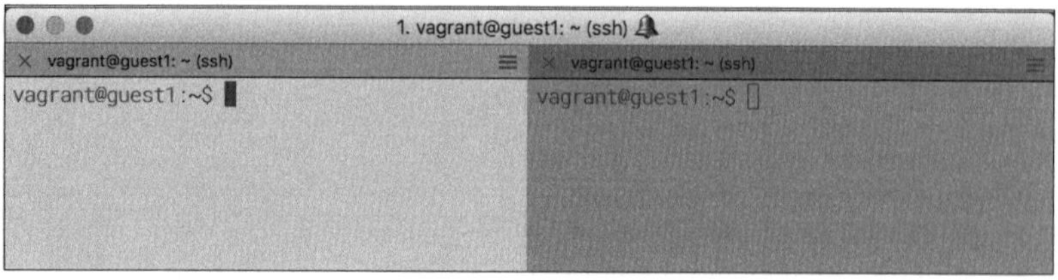

图 4.19 在两个 shell 下通过 SSH 连接 guest1

```
ell
$ vagrant ssh guest1
vagrant@guest1:~$
```

在第 1 个 Shell 中运行 Wireshark[①]。

```
shell
vagrant@guest1:~$ wireshark
```

━━━━ 选择要抓包的网卡接口和观察数据包

选择要抓包的网卡接口。如前面的图 4.17 所示，enp0s3 是面向宿主操作系统的接口，而 enp0s8 是面向 guest2 的网卡接口。这里就说明一下选择 enp0s3（参考前面的图 4.18）并使用 Wireshark 进行数据包分析的方法[②]。

当选择 enp0s3 之后，就可以在如图 4.20 所示的界面中实时看到进出 enp0s3 的数据包情况。Wireshark 的默认界面主要分为上、中、下 3 个部分。请看图 4.20，上面的 ❶ 是进出 enp0s3 的各个数据包的概览，中间的 ❷ 是 ❶ 中选择的数据包的详细信息，而下面的 ❸ 则是以二进制表示的具体内容。

从结果可以看出，经过 enp0s3 的是宿主操作系统和客户操作系统之间连续收发的数据包，这些数据包展示在 ❶ 中，并不断增多。另外，点击图中 ❹ 旁边的矩形按钮[③]之后，就可以暂时停止抓包。

━━━━ 数据包的 TCP 首部分析

本次模拟主要关注 TCP 的运行，因此在图 4.20❶ 的数据包列表中，我们选择 ❶ 的 Protocol（协议）列为 TCP 的一个数据包。当选中了图 4.20❷ 的 Source（发送方 IP 地址）列为宿主操作系统 10.0.2.2，而 Destination（目的地 IP 地址）列为客户操作系统 10.0.2.15 的数据包（图 4.20❸）时，显示的详细结果如图 4.21 所示。

---

① 由于之后还要使用第 2 个 shell，所以先保持登录状态。
② Wireshark 的相关教程，请参考 Wireshark user's guide。
③ 当鼠标悬停在上面时，会提示"停止抓包"。按钮的实际颜色是红色的。

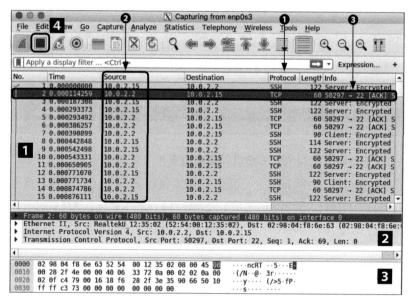

图 4.20 面向宿主操作系统的网络接口 enp0s3 的抓包结果

```
▶ Frame 2: 60 bytes on wire (480 bits), 60 bytes captured (480 bits) on interface 0
▶ Ethernet II, Src: RealtekU_12:35:02 (52:54:00:12:35:02), Dst: 02:98:04:f8:6e:63 (02:98:04:f8:6e:(
▶ Internet Protocol Version 4, Src: 10.0.2.2, Dst: 10.0.2.15
  Transmission Control Protocol, Src Port: 50297, Dst Port: 22, Seq: 1, Ack: 69, Len: 0
     Source Port: 50297
     Destination Port: 22
     [Stream index: 0]
     [TCP Segment Len: 0]
     Sequence number: 1    (relative sequence number)
     [Next sequence number: 1    (relative sequence number)]
     Acknowledgment number: 69    (relative ack number)
     0101 .... = Header Length: 20 bytes (5)
   ▼ Flags: 0x010 (ACK)
        000. .... .... = Reserved: Not set
        ...0 .... .... = Nonce: Not set
        .... 0... .... = Congestion Window Reduced (CWR): Not set
        .... .0.. .... = ECN-Echo: Not set
        .... ..0. .... = Urgent: Not set
        .... ...1 .... = Acknowledgment: Set
        .... .... 0... = Push: Not set
        .... .... .0.. = Reset: Not set
        .... .... ..0. = Syn: Not set
        .... .... ...0 = Fin: Not set
        [TCP Flags: ·······A····]
     Window size value: 65535
     [Calculated window size: 65535]
     [Window size scaling factor: -1 (unknown)]
     Checksum: 0xc373 [unverified]
     [Checksum Status: Unverified]
     Urgent pointer: 0
   ▼ [SEQ/ACK analysis]
        [This is an ACK to the segment in frame: 1]
        [The RTT to ACK the segment was: 0.000114259 seconds]
   ▼ [Timestamps]
        [Time since first frame in this TCP stream: 0.000114259 seconds]
        [Time since previous frame in this TCP stream: 0.000114259 seconds]
```

图 4.21 使用 Wireshark 进行 TCP 首部分析（放大上面的图 4.20 ❷ ）

　　我们来看一下图 4.21 中数据包的各层信息。从图中可以看出，此数据包在数据链路层使用以太网，在网络层使用 IP 协议，然后在传输层使用 TCP。点击 TCP 之后，可以展开 TCP 层的详细信息。

　　例如，我们可以看出 Source Port（发送方端口号）是 50297，Destination Port（目的地端口号）是 22。Sequence number（序列号）是 1，Acknownlegement number（确认应答号）是 69，Flags（标志位）中只有 ACK 被置位了，Window size value（接收窗口大小）是 65535。使用 Wireshark，便可以像这样分析各种数据包的首部信息。

　　当确认完这些信息之后，先把 Wireshark 暂时关闭。虽然接下来会出现如图 4.22 一样的提示框，但是选中并按下 "Stop and Quit without Saving" 就可以了。

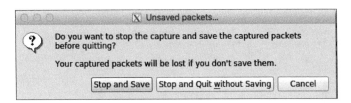

图 4.22 关闭 Wireshark 时屏幕显示的消息

通过 Wireshark 观察拥塞控制算法

　　接下来，我们就一起来看一下 TCP 拥塞控制的情况吧。本次的模拟过程是通过 FTP 从 guest1 的 enp0s8（192.168.33.10）向 guest2 的 enp0s8（192.168.33.20）发送 100 MB 的文件。这里再次提一下，本次模拟同时进行 Wireshark 抓包和 FTP 文件发送，因此需要用两个 shell 登录 guest1。请务必再次确认一下你的环境配置情况。

━━━ 确认所用的拥塞控制算法　sysctl 命令（Ubuntu）

　　首先看一下 guest1 所用的拥塞控制算法。Ubuntu 可以通过以下的 sysctl 命令来确认。

```shell
vagrant@guest1:~$ sysctl net.ipv4.tcp_congestion_control
> net.ipv4.tcp_congestion_control = reno    ←拥塞控制算法是Reno
```

我们可以看到，这里使用的拥塞控制算法是 Reno。接下来，先使用第 1 个 shell 启动 Wireshark。

```shell
vagrant@guest1:~$ wireshark
```

———选择接口和确认数据包的收发情况

前面选择了与宿主操作系统对应的网络接口 enp0s3，这次就要选择与另一个客户操作系统（guest2）对应的网络接口 enp0s8。此时，如图 4.23 所示，我们可以看到两个接口间没有收发任何数据包。

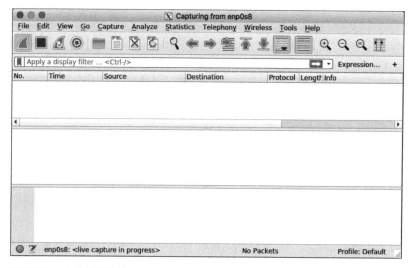

图 4.23 enp0s8 的初始状态

接下来，使用第 2 个 shell 运行下页这行命令，开始 FTP 发送。此时，建议如图 4.24 一样，同时查看两个 shell 和 Wireshark 窗口，这样可以实时地观察数据包的动向。

```shell
vagrant@guest1:~$ ftp -n < src/wireshark/ftp_conf.txt
```

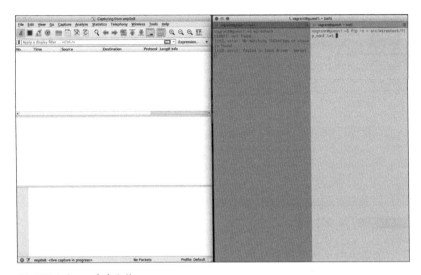

图 4.24 运行 ftp 命令之前

上述 shell 命令在 ftp 命令上加上了 -n 的参数选项，这样就可以不启动登录会话操作，直接自动运行 ftp_conf.txt 中保存的 ftp 命令。ft_conf.txt 是如下文所示的批处理文件。

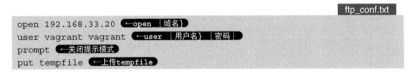

```ftp_conf.txt
open 192.168.33.20    ←open【域名】
user vagrant vagrant  ←user【用户名】【密码】
prompt                ←关闭提示模式
put tempfile          ←上传tempfile
```

刚才的 ftp 命令是否正确运行了呢？ftp 命令运行后的状态如图 4.25 所示。从图中可以看出，为了发送 100 MB 的文件，在约 0.6024 秒的时间内，guest1 和 guest2 之间收发了 5697 个数据包。

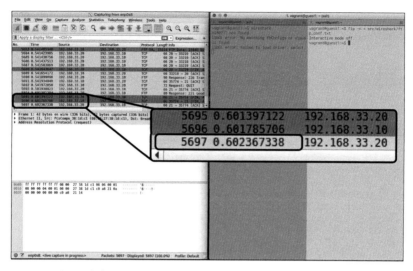

图 4.25 运行 ftp 命令之后

如果像图 4.26 这样按顺序从上往下扫一眼上面那部分数据包总览视图，可以看到 FTP 协议数据传输的具体流程：首先客户端（client）通过 ARP（详见 1.1 节）获取到 192.169.33.20 的 MAC 地址，然后进行 3 次握手，与服务端（sever）建立 TCP 连接。

No.	Time	Source	Destination	Protocol	Length	Info
1	0.000000000	PcsCompu 38:1d:c1	Broadcast	ARP	42	Who has 192.168.33
2	0.000267529	PcsCompu 99:00:8c	PcsCompu 38:1d:c1	ARP	60	192.168.33.20 is a
3	0.000273192	192.168.33.10	192.168.33.20	TCP	74	35774 → 21 [SYN] S
4	0.000468759	192.168.33.20	192.168.33.10	TCP	74	21 → 35774 [SYN, A
5	0.000483268	192.168.33.10	192.168.33.20	TCP	66	35774 → 21 [ACK] S
6	0.002601696	192.168.33.20	192.168.33.10	FTP	86	Response: 220 (vsF
7	0.002643806	192.168.33.10	192.168.33.20	TCP	66	35774 → 21 [ACK] S
8	0.002705300	192.168.33.10	192.168.33.20	FTP	80	Request: USER vagr
9	0.002831046	192.168.33.20	192.168.33.10	TCP	66	21 → 35774 [ACK] S
10	0.002910336	192.168.33.20	192.168.33.10	FTP	100	Response: 331 Plea
11	0.002945613	192.168.33.10	192.168.33.20	FTP	80	Request: PASS vagr
12	0.041300035	192.168.33.20	192.168.33.10	TCP	66	21 → 35774 [ACK] S
13	0.051493823	192.168.33.20	192.168.33.10	FTP	89	Response: 230 Logi
14	0.051631793	192.168.33.10	192.168.33.20	FTP	72	Request: SYST
15	0.051934929	192.168.33.20	192.168.33.10	TCP	66	21 → 35774 [ACK] S

图 4.26 FTP 文件传输时最开始的几个数据包

——— 观察拥塞控制算法的行为　TCP Stream Graphs 功能
接下来，使用 Wireshark 的 Statistics 菜单中的 TCP Stream Graphs 功

能，来观察拥塞控制算法的行为。不过请注意，只有从在上半部分视图中选择的发送方（IP 地址、端口号）到目的地（IP 地址、端口号）的统计结果会被显示出来。

　　FTP 会建立两条 TCP 连接，其中一条用于控制，而另一条用于数据传输。前者是从客户端（guest1）到服务器端（guest2）的连接，使用端口号 21；后者是从服务器端（guest2）到客户端（guest1）的连接，使用端口 20。本次模拟关注的重点是数据传输的 TCP 连接，因此这里首先找一下发送方 IP 地址是 192.168.33.10，目的地 IP 地址是 192.168.33.20，目的地端口号是 20 的数据包。虽然不同的环境下会有所不同，不过从上往下数，在约第 20 行便可以找到对应的数据包。选中这个数据包之后，点击 Statistics 菜单中的 TCP Stream Graphs 选项。

一——可绘制的 5 种曲线图

　　TCP Stream Graphs 功能启动后的画面如图 4.27 所示。此功能支持绘制以下 5 种曲线图。

- Time Sequence（时间序列，Stevens）
- Time Sequence（时间序列，tcptrace）
- Throughput（吞吐量）
- Round Trip Time（往返时延）
- Window Scaling（窗口扩大）

Time Sequence（Stevens）是描述发送序列号随时间产生的变化的曲线（图 4.28）。由于可绘制的曲线图与 W. 查理德·史蒂文斯（W. Richard Stevens）所著的"TCP/IP 详解"系列图书中出现的曲线图一样，因此它被称为 Stevens。

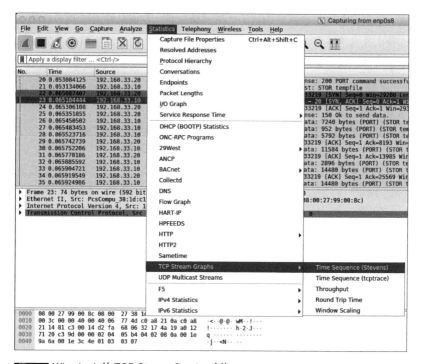

图 4.27 Wireshark 的 TCP Stream Graphs 功能

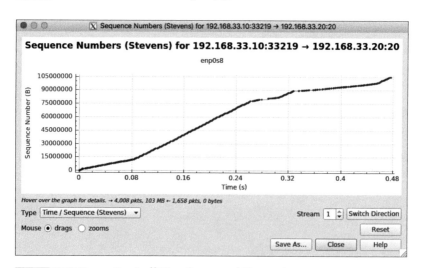

图 4.28 TCP Stream Graphs 的 Time Sequence（Stevens）

Time Sequence（tcptrace）如图 4.29 所示，曲线图上不仅有发送序列号，还有 ACK、SACK 等随时间变化的曲线。

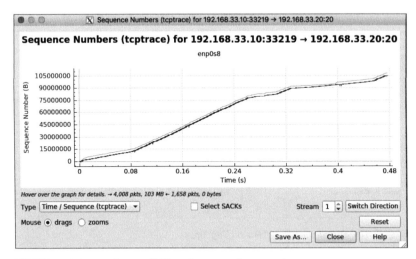

图 4.29 TCP Stream Graphs 的 Time Sequence（tcptrace）

Throughput 如图 4.30 所示，是 TCP 段长度和平均吞吐量随时间变化的曲线图。

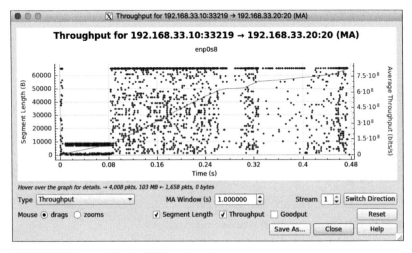

图 4.30 TCP Stream Graphs 的 Throughput

Round Trip Time 如图 4.31 所示，是 *RTT* 随时间变化的曲线图。

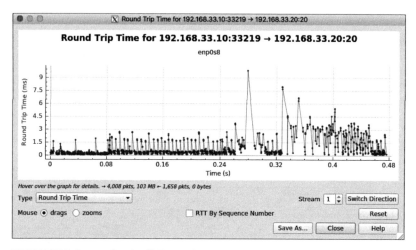

图 4.31 TCP Stream Graphs 的 Round Trip Time

Window Scaling 如图 4.32 所示，是接收窗口大小（*rwnd*）和发送中的数据量（*swnd*）随时间变化的曲线图。

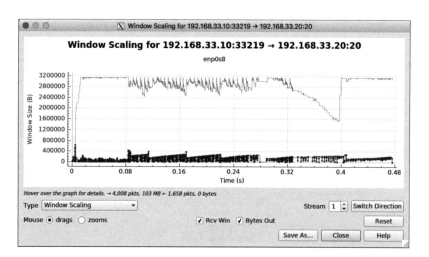

图 4.32 TCP Stream Graphs 的 Window Scaling

更改拥塞控制算法 sysctl 命令（Ubuntu）

如果采用其他的拥塞控制算法，而非 Reno，它们又会有什么样的表现呢？Ubuntu 可以通过以下的 sysctl 命令更改拥塞控制算法。

```shell
vagrant@guest1:~$ sudo sysctl -w net.ipv4.tcp_congestion_control=bic
```

上面的 shell 命令使用了 BIC 作为例子，它其实也可以修改为其他的拥塞控制算法。请随意地修改为自己喜欢的算法，并观察其行为。

本章使用 Wireshark 对使用 FTP 发送文件时发送序列号、ACK 的行为变化进行了观察。通过此项模拟，我们虽然可以确认到拥塞控制算法的外部行为表现，却无法掌握 *cwnd*、*ssthresh* 等内部变量的变化情况。

因此，下一章我们将使用网络模拟器 ns-3 对拥塞控制算法内部的变量进行研究。

4.4
加深理解：网络模拟器 ns-3 入门
拥塞控制算法的观察 ❷

为了进一步加深大家对拥塞控制算法的理解，本节将使用离散事件驱动型网络模拟器 ns-3，来观察 *cwnd*、*ssthresh* 等内部变量的情况。同上一节一样，笔者已经准备好了虚拟环境的设置文件，请大家务必亲自动手去探索拥塞控制世界的奥妙。

ns-3 的基本情况

ns-3（Network Simulator 3）是以网络研究和教育为目的的离散事件驱动型网络模拟器。离散事件驱动型网络模拟器是指以数据包的收发等事件为契机驱动系统进行离散变化的模拟器。ns-3 是从 2006 年开始基于 GNU GPL v2 协议开源开发的，它提供了一个实际实现极为困难、高度可控且可重现性强的网络模拟环境。

ns-3 是一个由多个库组合构建形成的系统，进行外部扩展也十分容易。例如，ns-3 可以与动画生成、数据分析和可视化工具等协同工作，与其他一些只为在 GUI 上进行操作的网络模拟器相比，它更加模块化。ns-3 还可以运行在 Linux、FreeBSD 和 Cygwin 上。

ns-3 可以通过 C++ 或者 Python 脚本文件实现，因此理论上可以组建任何网络。它自带了若干个示例脚本文件，建议大家在使用前先阅读一下这些范例脚本。本节将使用 chapter4-base.cc 脚本来进行拥塞控制算法的对比模拟，这个脚本在 ns-3 示例脚本 tcp-variants-comparison.cc 的基础上进行了一部分修正。此外，这里使用 Python 对输出的文件进行分析和可视化处理。

搭建 ns-3 环境

这里与 Wireshark 一样，我们首先通过 Virtualbox 和 Vagrant 在虚拟机上搭建 Ubuntu 16.04 的运行环境，然后在环境上运行 ns-3。为了完成这一步，需要搭建导言部分描述的 VirtualBox、Vagrant 和 X 客户端的环境。此外，本节同样将物理机上安装的操作系统称为宿主操作系统，将虚拟机上安装的操作系统称为客户操作系统。

当确认已经准备好 VirtualBox 和 Vagrant 的环境之后，请将本书的 Github 仓库[①] 克隆到任意目录中（❶）。然后，打开其中的 ns3/vagrant 目录（❷），运行 vagrant up 命令（❸）。如此一来，就完成了在虚拟机上安装 Ubuntu 16.04 并搭建 ns-3 的过程。

```shell
$ git clone https://github.com/ituring/tcp-book.git ←❶
$ cd tcp-book/ns3/vagrant ←❷
$ vagrant up ←❸
```

另外，在笔者执笔时（2019 年 4 月 1 日），第 5 章和第 6 章所使用的 CUBIC 和 BBR 模块尚不支持 ns-3.28 以上版本，因此本书使用 ns-3.27 版

---

① [URL] https://github.com/ituring/tcp-book

本。搭建 ns-3 环境相当花时间，还请大家耐心等待 [①]。

接下来，通过 SSH 连接到客户操作系统上。

```shell
$ vagrant ssh
> Welcome to Ubuntu 16.04.5 LTS (GNU/Linux 4.4.0-139-generic x86_64)
>
>   * Documentation:  部分省略
>   * Management:     部分省略
>   * Support:        部分省略
>
>   Get cloud support with Ubuntu Advantage Cloud Guest:
>   部分省略
>
> 13 packages can be updated.
> 6 updates are security updates.
>
> New release '18.04.1 LTS' available.
> Run 'do-release-upgrade' to upgrade to it.
>
>
vagrant@ubuntu-xenial:~$
```

如上所述，当提示 vagrant@ubuntu-xenial:~$ 之后，SSH 就连接成功了。

基于 ns-3 的网络模拟的基础知识

在进行拥塞控制算法的比较模拟之前，我们先来学习一下 ns-3 的网络模拟基础知识。由于篇幅所限，所以本书只涉及方便理解模拟技术的最为基础的知识 [②]。

在使用 SSH 连接到客户操作系统的状态下，打开 ns3/ns-allinone-3.27/ns-3.27 目录。此目录是后文中的 ns-3 的根目录，只要没有特别注明，所有的目录路径都指的是从这个根目录开始的相对路径。

```shell
vagrant@ubuntu-xenial:~$ cd ns3/ns-allinone-3.27/ns-3.27
```

---

① 在笔者的计算机环境下，花费的时间约为 1 个小时。

② 具体请参考官方手册"ns-3 Manual"。

一───主要目录组成

这里介绍一下根目录下最重要的一些目录和文件。

```shell
vagrant@ubuntu-xenial:~/ns3/ns-allinone-3.27/ns-3.27$ tree -L 2
> .
> ├── scenario_4.py 进行数据处理和可视化处理的Python脚本
> ...
> ├── data 保存输出文件的目录
> ...
> ├── examples 保存ns-3自带示例脚本文件的目录
> │   ├── tcp 本次模拟使用的脚本文件的参考源文件,
>                保存tcp-variants-comparison.cc的目录
> ...
> ├── requirements.txt 罗列了所有用于数据处理和可视化处理的Python库文件
> ...
> ├── scratch ns-3自带的、用于保存用户自己开发的脚本文件的目录
> │   ├── chapter4-base.cc 本次模拟所使用的脚本文件
> ...
> ├── src 保存ns-3源代码的目录。当需要加载独有的协议时,会涉及这个目录
> │   ├── internet TCP拥塞控制算法所安装的目录
> ...
> ├── waf 负责脚本文件的编译和运行的目录
> ...
> ├── wscript waf的设置文件
```

一───ns-3 的命令

ns-3 主要通过运行 ./waf --run { 脚本名称 } { 命令行参数 } 命令启动模拟过程。在默认设置下,可以指定的脚本文件只能在根目录(./)或者 scratch/ 目录下。如果想要增加可使用的目录,就必须修改 wscript 文件。例如,想要运行 scratch/chapter4-base.cc 脚本,就需要输入以下命令。注意,这里需要去掉扩展名(.cc)。

```shell
vagrant@ubuntu-xenial:~/ns3/ns-allinone-3.27/ns-3.27$ ./waf --run chapter4-base
> Waf: Entering directory '/home/vagrant/ns3/ns-allinone-3.27/ns-3.27/build'
  部分省略
> [1969/1980] Linking build/bindings/python/ns/spectrum.so
> Waf: Leaving directory '/home/vagrant/ns3/ns-allinone-3.27/ns-3.27/build'
> Build commands will be stored in build/compile_commands.json
> 'build' finished successfully (2m0.891s)
```

可以通过加入如下所示的命令行参数 `--PrintHelp` 查看所有可使用的命令行参数。请注意从脚本名称开始到命令行参数为止的部分需要加上双引号（`""`）。

```shell
vagrant@ubuntu-xenial:~/ns3/ns-allinone-3.27/ns-3.27$ ./waf --run "chapter4-base --PrintHelp"
> Waf: Entering directory '/home/vagrant/ns3/ns-allinone-3.27/ns-3.27/build'
> Waf: Leaving directory '/home/vagrant/ns3/ns-allinone-3.27/ns-3.27/build'
> Build commands will be stored in build/compile_commands.json
> 'build' finished successfully (0.799s)
> chapter4-base [Program Arguments] [General Arguments]
>
> Program Arguments:
>     --transport_prot:    Transport protocol to use: TcpNewReno, TcpHybla, TcpHigh
Speed, TcpHtcp, TcpVegas, TcpScalable, TcpVeno, TcpBic, TcpYeah, TcpIllinois, TcpW
estwood, TcpWestwoodPlus [TcpWestwood]
>     --error_p:           Packet error rate [0]
>     --bandwidth:         Bottleneck bandwidth [2Mbps]
[部分省略]
>     --sack:              Enable or disable SACK option [true]
>
> General Arguments:
>     --PrintGlobals:              Print the list of globals.
>     --PrintGroups:               Print the list of groups.
>     --PrintGroup=[group]:        Print all TypeIds of group.
>     --PrintTypeIds:              Print all TypeIds.
>     --PrintAttributes=[typeid]:  Print all attributes of typeid.
>     --PrintHelp:                 Print this help message.
```

下文将详细介绍 `chapter4-base.cc` 的内容。

脚本文件 chapter4-base.cc

本次模拟所使用的 `chapter4-base.cc` 脚本文件，主要是基于 ns-3.27 的示例脚本文件之一的 `examples/tcp/tcp-variants-comparison.cc` 修改制作而成。具体来说就是，增加一部分代码逻辑，以获取 `examples/tcp/tcp-variants-comparison.cc` 的逻辑中无法获取的 ACK 和状态迁移情况。修改的详细内容均可在源代码的注释中找到。感兴趣的读者请务必参阅。

图 4.33 展示的是 `chapter4-base.cc` 所假想的网络构成。

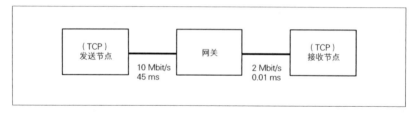

图 4.33 ns-3 中的网络构成

此脚本文件进行的是从发送节点到接收节点的文件传输，可以设置的命令行参数主要有以下这些。

- `transport_prot`：拥塞控制算法。默认值为 `Westwood`
- `error_p`：数据包错误率。默认值为 `0`
- `bandwidth`：网关与接收节点之间的带宽。默认值为 `2 Mbit/s`
- `delay`：网关与接收节点之间的链路传播时延（详见 5.1 节）。默认值为 `0.01 ms`（millisecond，毫秒）
- `access_bandwidth`：发送节点与网关之间的带宽。默认值为 `10 Mbit/s`
- `access_delay`：发送节点与网关之间的传播时延。默认值为 `45 ms`
- `tracing`：是否激活追踪功能。默认值为 `false`，但这样的话无法得到分析数据，因此需要设置为 `true`
- `prefix_name`：输出文件保存位置。默认值为 `TcpVariantsComparison`
- `data`：待发送文件的大小（单位：Mbit/s）。默认值为 `0`，代表无限大
- `mtu`：IP 数据包的大小（单位：byte）。默认值为 `400`
- `num_flows`：TCP 流个数。默认值为 `1`
- `duration`：文件的最长传输秒数。如果将 `duration` 的值设置得过大，那么会耗费大量模拟时间。默认值为 `100`
- `run`：用于生成随机数的索引值。默认值为 `0`
- `flow_monitor`：是否激活 Flow monitor 功能。默认值为 `false`
- `pcap_tracing`：是否激活 PCAP tracing 功能。默认值为 `false`
- `queue_disc_type`：网关所使用的队列类型。默认值为 `ns3::PfifoFastQueueDisc`

- `sack`：是否激活 SACK（Selective ACKnowledge，选择确认应答）。默认值为 `true`

本次模拟将多次调整上述参数中的 `transport_prot`，并与 4.2 节中出现的所有拥塞控制算法进行对比。例如，在将拥塞控制算法修改为 `TcpNewReno` 时，要运行下面的命令。

```shell
vagrant@ubuntu-xenial:~/ns3/ns-allinone-3.27/ns-3.27$ ./waf --run "chapter4-base
--transport_prot='TcpNewReno' --tracing=True --prefix_name='data/chapter4/TcpNew-
Reno/'"
```

使用 Python 运行模拟器并进行分析和可视化

本次模拟将统一使用 Python 完成模拟器的运行、数据分析和可视化。首先构建虚拟环境，打开 ns-3 的根目录。

```shell
$ vagrant up
vagrant@ubuntu-xenial:~$ cd ns3/ns-allinone-3.27/ns-3.27
```

4.2 节展示的所有图形都可以通过以下命令输出出来。输出位置是在客户操作系统的 ~/ns3/ns-allinone-3.27/ns-3.27/data/chapter4 目录之下。由于客户操作系统的 ~/ns3/ns-allinone-3.27/ns-3.27/data 目录与客户操作系统的 tcp-book/ns3/vagrant/shared/ 目录是同步的，所以也可以在宿主操作系统上看到里面的文件。此外，下文中的 tcp-book/ 指的是从 https://github.com/ituring/tcp-book 下载回来的目录。

```shell
vagrant@ubuntu-xenial:~/ns3/ns-allinone-3.27/ns-3.27$ python3 scenario_4.py
```

运行完上述命令之后，请确认一下宿主操作系统的 tcp-book/ns3/vagrant/shared/chapter4 目录下的内容。该目录下的文件构成应该如下文所述。

- `04_tcpbic.png`：图 4.12
- `04_tcphighspeed.png`：图 4.9
- `04_tcphtcp.png`：图 4.13
- `04_tcphybla.png`：图 4.14
- `04_tcpillinois.png`：图 4.15
- `04_tcpnewreno.png`：图 4.6
- `04_tcpscalable.png`：图 4.10
- `04_tcpvegas.png`：图 4.7
- `04_tcpveno.png`：图 4.11
- `04_tcpwestwood.png`：图 4.8
- `04_tcpyeah.png`：图 4.16
- `TcpBic`：存储 BIC 相关输出数据的目录
- `TcpHighSpeed`：存储 HighSpeed 相关输出数据的目录
- `TcpHtcp`：存储 H-TCP 相关输出数据的目录
- `TcpHybla`：存储 Hybla 相关输出数据的目录
- `TcpIllinois`：存储 Illinois 相关输出数据的目录
- `TcpNewReno`：存储 NewReno 相关输出数据的目录
- `TcpScalable`：存储 Scalable 相关输出数据的目录
- `TcpVegas`：存储 Vegas 相关输出数据的目录
- `TcpVeno`：存储 Veno 相关输出数据的目录
- `TcpWestwood`：存储 Westwood 相关输出数据的目录
- `TcpYeah`：存储 Yeah 相关输出数据的目录

从 `TcpBic` 到 `TcpYeah` 的所有目录都包含以下文件。

- `ack.data`：接收的 ACK 序列号历史记录
- `ascii`：收发事件的日志
- `cong-state.data`：状态变化的历史记录
- `cwnd.data`：*cwnd* 的历史记录
- `inflight.data`：*swnd* 的历史记录
- `next-rx.data`：下一个要接收的 ACK 序列号的历史记录

- next-tx.data：下一个要发送的 ACK 序列号的历史记录
- rto.data：超时时间的历史记录
- rtt.data：*RTT* 历史记录
- ssth.data：ssthresh 的历史记录

由于本次模拟没有使用 ascii，所以不再介绍。其他的数据都是用 Tab 分隔的 2 列数据，其中第 1 列是经过的秒数，而第 2 列是对应的值。例如，在把 TcpNewReno 的 ack.data 用文本编辑的方式打开时，就能看到下列数据。

```
                                                          ack.data
0.0905768 1
0.18279 341
0.276537 1021
0.370283 1701
0.462454 2381
0.465606 3061
0.5562 3741
0.559352 4421
0.562504 5101
0.649946 5781
```

由于篇幅所限，这里只列了前 10 行数据。例如，第 1 行表示在模拟开始后的 0.090 576 8 秒收到了序列号为 1 的 ACK。第 2 行以后的数据也类似。直觉较为敏锐的读者可能已经发现，4.2 节的图正是用 cwnd.data、ssth.data、ack.data、rtt.data 和 cong-state.data 的数据绘制出来的图形。

━━━ scenario_4.py 的内容 Python 入门

如果任意改变模拟环境，再对得到的不同结果进行分析，就可以加深我们对拥塞控制算法的理解。真正的 ns-3 编程已经超出了本书所涉及的范围，因此接下来会介绍一下使用 scenario_4.py 简单地改变模拟环境的方法。这里虽然需要进行 Python 编程，但并非意味着必须掌握 Python 的前置知识。此外，这部分内容是逐步推进的，所以请放心阅读。

虽然可能有点跑题，不过还是需要首先介绍一下第 155 页出现过的命令 python3 scenario_4.py。这一句的含义是，使用 Python 3 运行

scenario_4.py 这个脚本文件。Python 的两个版本 Python 2 和 Python 3
无法兼容，这一点比较麻烦。2010 年 7 月 3 日发布的 Python 2.7 是最后的
Python 2 版本。由于现在正在逐步往 Python 3 迁移，所以本书使用 Python 3。

我们一起来看一下 scenario_4.py 的内容。如前文所述，本书是
TCP 的入门书，而非 Python 入门书。因此，下文在介绍 Python 时更注重
怎样才能方便理解，而非语法的严密性。Python 是如今世界上最为流行的
编程语言之一，市面上有许多优秀的图书和网络资料可供参考和学习。感
兴趣的读者请务必了解和学习一下。

当从命令行读取到 Python 脚本之后，if __name__ ==
__'main'__ 之后的代码会被运行。在 scenario_4.py 中，以下的
main() 函数会被调用。

scenario_4.py
```
def main():
    for algo in tqdm(algorithms, desc='Algotirhms'):
        execute_and_plot(algo=algo, duration=20)
```

Python 使用 def {函数名}({参数}): 的方式来定义函数。因此，
def main(): 代表着定义一个名为 main 且没有参数的函数。Python 的
特点之一便是通过缩进提高源代码的可读性。也就是说，从 def
main(): 之后的下一行即第 2 行开始，就是 main() 函数的具体内容。
另外，虽然无论缩进有多少个空格，Python 都可以正常运行，但是代码指
南 PEP 8 中推荐使用 4 个空格作为缩进值。

第 2 行是一个按顺序读取 algorithms 数组中的所有元素，然后循
环赋值给变量 algo 并进行处理的操作。也就是说，第 1 次是将
TcpNewReno 赋给 algo，第 2 次则是将 TcpHybla 赋给 algo，然后完
成从第 3 行往后的运算操作。tqdm 是表示 for 循环进行状态的函数，这
里暂时忽略也没问题。

scenario_4.py
```
algorithms = [
    'TcpNewReno', 'TcpHybla', 'TcpHighSpeed', 'TcpHtcp',
    'TcpVegas', 'TcpScalable', 'TcpVeno', 'TcpBic', 'TcpYeah',
    'TcpIllinois', 'TcpWestwood']
```

接下来，更下一级缩进的第 3 行代表的是 for 循环的内部处理逻辑。这里的主要含义是，使用拥塞控制算法 algo 模拟运行 execute_and_plot() 函数，时间是 20 秒。execute_and_plot() 函数的主要作用是，在指定的模拟环境下进行 ns-3 模拟，并将运行结果数据保存到 ./data/chapter4/{算法名}/，同时将绘图结果保存到 ./data/chapter4/04_{算法名}.png。

execute_and_plot() 中可设置的参数如下所示。

- algo：可设置拥塞控制算法
- duration：设置文件传送最长运行时间。注意如果将 duration 的值设置得过大，会导致模拟时花费大量的时间
- error_p：数据包错误率。默认值为 0
- bandwidth：网关与接收节点之间的带宽。默认值为 2 Mbit/s
- delay：网关与接收节点之间的链路传播时延。默认值为 0.01 ms
- access_bandwidth：发送节点与网关之间的带宽。默认值为 10 Mbit/s
- access_delay：发送节点与网关之间的传播时延。默认值为 45 ms
- data：待发送文件的大小（单位：Mbit/s）。默认值为 0，代表无限大
- mtu：IP 数据包的大小（单位：byte）。默认值为 400
- flow_monitor：是否激活 Flow monitor 功能。默认值为 false
- pcap_tracing：是否激活 PCAP tracing 功能。默认值为 false

也就是说，开头的 python3 scenario_4.py 命令的含义是，设置模拟时间为 20 秒，并使用所有的拥塞控制算法运行 execute_and_plot() 函数。实际上，只要任意修改 execute_and_plot() 的函数参数，就可以自由地调整模拟环境，得到想要的运行结果。

——— **确认运行情况** IPython

假设我们要观察一下提高数据包错误率之后的 NewReno 的运行情况。由于可以通过 error_p 设置错误率，所以我们运行下面的命令。

```shell
vagrant@ubuntu-xenial:~/ns3/ns-allinone-3.27/ns-3.27$ ipython
> Python 3.5.2 (default, Nov 12 2018, 13:43:14)
> Type 'copyright', 'credits' or 'license' for more information
> IPython 7.2.0 -- An enhanced Interactive Python. Type '?' for help.
>
In [1]: import scenario_4
In [2]: scenario_4.execute_and_plot('TcpNewReno', 20, error_p=0.01)
```

ipython 是启动 IPython 的命令。IPython 是交互式运行 Python 程序的工具。虽然我们也可以在默认的 Python 解释器上运行 Python 程序，但是由于 IPython 拥有 Tab 补全等便利功能，所以这里比较推荐使用 IPython。

在 Python 中，如果想要使用外部的模块，就需要输入 import ｛模块名｝代码。已经 import 过的模块中的函数可以通过｛模块名｝.｛函数名｝使用。这里就将拥塞控制算法设置为 TcpNewReno，模拟时间设置为 20 秒，数据包错误率设置为 0.01，运行 execute_and_plot() 函数。

当显示了 In [3]: 之后，就表示运行已经完成。接下来，看一下宿主操作系统的 tcp-book/ns3/vagrant/shared/chapter4/04_tcpnewreno.png 的内容。如图 4.34 所示，算法的运行情况已与图 4.6 大为不同，丢包导致 cwnd 无法变得太大。此外，由于丢包是随机发生的，所以读者得到的结果图形可能与图 4.34 并非完全一致，这一点请注意。

```shell
In [3]: scenario_4.execute_and_plot('TcpNewReno', 20, delay='1s', access_delay='1s')
```

此外，如何确认长距离通信中 NewReno 算法的表现呢？只要调整 delay 或者 access_delay 的值，便可以很简单地得到相应的数据。

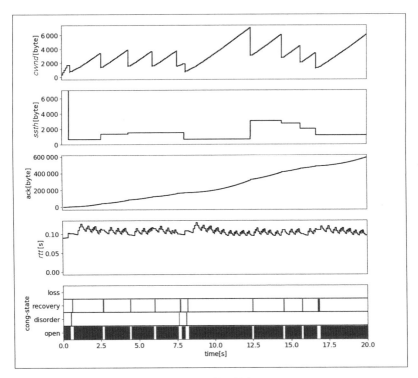

图 4.34 NewReno 在易发生数据包错误的环境下的表现

　　当显示了 `In [4]:` 之后，就表示运行已经完成。接下来，看一下宿主操作系统的 `tcp-book/ns3/vagrant/shared/chapter4/04_tcpnewreno.png` 的内容（图 4.35）。从图中可以看出，由于信号往返需要 4 秒左右的时间，所以 *cwnd* 在模拟结束之前基本上没变大。

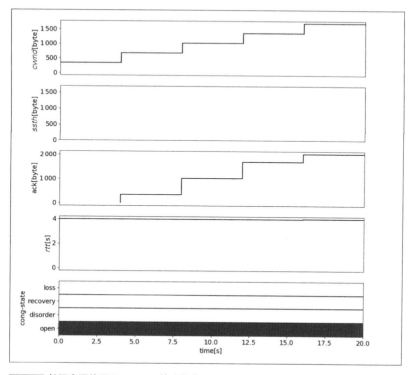

图 4.35 长距离通信下 NewReno 算法的表现

　　这里举的只是简单的例子。请务必尝试使用各种各样的模拟环境，加深对拥塞控制算法的理解。此外，只要输入 exit，就可以退出 IPython。

```
In [4]: exit
vagrant@ubuntu-xenial:~/ns3/ns-allinone-3.27/ns-3.27$
```

　　本节介绍了使用离散事件驱动型网络模拟器 ns-3 观察 *cwnd*、*ssthresh* 等内部变量变化情况的方法，同时也提及了使用本书专用的 scenario_4.py 模块，就可以快捷简便地观察各种环境下拥塞控制算法的表现。

　　这里有一点值得注意，本节的专用模块只是 Python 脚本文件 chapter4-base.cc 的一个封装，所能设置的模拟环境有限。例如，无法模拟多个拥塞控制算法并存的环境。要想搭建这种复杂的网络环境，就必须亲自实现 ns-3 脚本文件。而且，显而易见的是，ns-3 只能评估现有的拥塞控制算法。想要评估私有的拥塞控制算法，就必须修改 ns-3 的源代码。

ns-3 模拟器被世界各国的研究者所称道，可以说是一个相当深奥的模拟器。假如本书能让你对 ns-3 产生兴趣，那就再好不过了。

4.5

小结

本章概述了 TCP 的拥塞控制算法，并使用 Wireshark 和 ns-3 工具，通过模拟对拥塞控制算法的表现进行了观察。本章所介绍的概念是理解第 5 章和第 6 章内容所必不可少的。这里就再温习一下。

4.1 节主要介绍了与拥塞控制的目的、基本设计、状态迁移和拥塞控制算法相关的基础知识。你能说一说什么是 *cwnd* 吗？有关 *cwnd* 的内容在 4.1 节，请根据需要翻阅一下。

4.2 节概括介绍了具有代表性的拥塞控制算法，并从定性和定量两方面展示了不同算法的特点。请回顾一下图 4.3，重新复习一下各个拥塞控制算法之间的关联性。

4.3 节使用了数据包分析器 Wireshark 分析了虚拟机间传输文件时的 TCP 协议的机制。不单是 TCP，Wireshark 在各种协议的解析方面都算是一个强力的武器。

4.4 节使用离散事件驱动型网络模拟器 ns-3 观察了网络抓包工具无法获取的 TCP 内部变量的变化情况。TCP 的有趣之处正是在不断地修改其网络构成后所展现出来的各种令人惊异的表现。请随意调整模拟条件，并对比观测结果。相信读者一定会有新的发现。

笔者想通过本章内容传递的是设计拥塞控制算法的困难性。通信网络可以说是覆盖了全球的大型网络，拥塞发生时受到影响的终端设备个数也是常人无法想象的规模。

而 TCP 中的拥塞控制算法是通过 ACK 等有限数据推测整个网络的拥

堵情况的，这显然需要花费很多功夫。例如，使用有限状态机进行状态管理，各种反馈形式等都是在这个背景下所诞生的智慧结晶。近年来，也有人提出了尽力排除网络方面的前置知识，通过强化学习来进行拥塞控制的方案 [①]。但是，也请大家务必记得集结了先人智慧结晶的、传统且优秀的基于模型的技术方案。

第 5 章和第 6 章中介绍的两个拥塞控制算法都是基于模型的算法中最为优秀的代表。请仔细阅读和学习这些算法，尝试去了解这些优秀的算法究竟是如何解决那些疑难问题的。

参考资料

- 《TCP 拥塞控制》（RFC 5681）.
- 《TCP 快速恢复算法的优化版 NewReno》（RFC 6582）.
- Peter L Dordal. An Introduction to Computer Networks [EB/OL].
- 《面向大型拥塞窗口的高速 TCP》（RFC 3649）.
- Carlo Caini, Rosario Firrincieli. TCP Hybla: a TCP enhancement for heterogeneous networks [J]. International journal of satellite communications and networking 22.5, pp.547-566, 2004.
- Saverio Mascolo et al. TCP Westwood: Bandwidth Estimation for Enhanced Transport over Wireless Links [C]. MobiCom, 2001.
- Lawrence S. Brakmo, Larry L. Peterson. TCP Vegas: End to End Congestion Avoidance on a Global Internet [J]. IEEE Journal on selected Areas in Commnications 13.8(1995): 1465-1480.
- Tom Kelly. Scalable TCP: Improving Performance in Highspeed Wide Area Networks [J]. ACM SIGCOMM computer communication Review, vol.33, no.2, pp.83-91, 2003.
- Cheng Peng Fu, S. C. Liew. TCP Veno: TCP Enhancement for Transmission Over Wireless Access Networks [J]. IEEE Journal on

---

[①] Wei Li, Fan Zhou, K.R. Chowdhury, et al. QTCP: Adaptive Congestion Control with Reinforcement Learning [J]. IEEE Transactions on Network Science and Engineering, 2018.

Selected Areas in Communications, vol.21, no.2, pp.216-228, 2003.

- Lisong Xu, Khaled Harfoush, Injong Rhee. Binary Increase Congestion Control (BIC) for Fast Long-Distance Networks [C]. Twenty-third Annual Joint Conference of the IEEE Computer and Communications Societies (INFOCOM), pp. 2514-2524, 2004.

- Andrea Baiocchi, Angelo P.Castellani, Francesco Vacirca. YeAH-TCP:Yet Another Highspeed TCP [C]. Proceedings of PFLDnet, Vol.7, 2007.

- Shao Liu, Tamer Bas,ar, R.Srikant. TCP-Illinois: a loss and delay-based Congestion control algorithm for high-speed networks [J]. ACM, New York, Article 55, 2006.

- Douglas J.Leith, Robert Shorten. H-TCP: TCP for high-speed and long-distance networks [C]. Proceedings of PFLDnet, 2004.

第**5**章

CUBIC 算法

通过三次函数简单地解决问题

随着互联网的普及，TCP 也被广泛推广开来，在这段时期内，TCP 默认使用的拥塞控制算法便是 Reno 和 NewReno。然而随着近些年来互联网的高速化和云服务的普及，被称为长肥管道的宽带高时延环境逐渐流行，旧的拥塞控制算法暴露出扩展性不足和在 RTT 不同的网络流中吞吐量不公平等问题。

这些问题催生了 CUBIC（CUBIC-TCP），它已成为现在主流的拥塞控制算法之一。CUBIC 采用简单的算法，在解决了上述问题的同时，还具备稳定性强、与现有算法亲和性强等特点。

本章将在进行实际模拟的同时，详细介绍旧算法随着网络环境变化而暴露出的问题，以及 CUBIC 算法和其性能。

5.1

网络高速化与 TCP 拥塞控制
长肥管道带来的变化

随着互联网的普及而广泛推广开来的 TCP 拥塞控制算法是 Reno 和 NewReno，然而随着近些年来网络的高速化，名为长肥管道的环境逐渐普及开来，这导致 Reno 和 NewReno 的低效率问题逐渐暴露出来。

Reno 和 NewReno　广泛使用的算法

作为标准的 TCP 拥塞控制算法，Reno 自 1990 年出现以来，如前文所介绍的一样，广泛地用于各个领域。后来，为了解决 Reno 快速恢复算法的缺陷，NewReno 算法被提了出来。具体来说，Reno 的缺陷是，由于快速恢复阶段的快速重传算法是即使有 1 个数据包被废弃，也会进入重传模式，导致数据包发送停止，所以当发生连续丢包时，吞吐量会大幅下降。

针对这一问题，NewReno 进行了改良，即在每次的重传模式下重传多个数据包。

Reno 和 NewReno 出现之后被许多操作系统使用，并被安装在很多终端设备中。因此，可以说 Reno 和 NewReno 便是实质上的"标准 TCP 拥塞控制算法"。这些算法在当时的网络环境下十分高效，然而随着时间的推移，技术与网络环境不断发展，一些当时完全没有想象到的问题愈发显著。

本章将详细介绍 NewReno，它比 Reno 使用得更加广泛。下文将首先回顾 NewReno 算法的特点，并概述一下其近些年随着网络环境的变化而产生的问题。

快速恢复　NewReno 的特点

首先，我们用图 5.1 来回顾一下 NewReno 的拥塞窗口大小（$cwnd$）的变化情况。在最初的慢启动阶段，拥塞窗口大小是缓慢增大的，这与以前的 Tahoe 算法是一致的。然而在进入拥塞避免阶段后采用的是快速恢复，这是 NewReno 的独特之处。

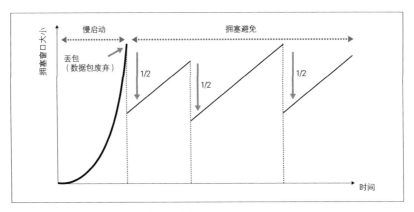

图 5.1 NewReno 的拥塞窗口大小的变化

快速恢复具体是指，在收到 3 次 ACK（重复的 ACK），也就是检测到丢包时，实际上就是检测到拥塞发生时，将拥塞窗口大小设置为拥塞发生时的 1/2，同时将 *ssthresh* 也设为同一个值，然后再缓慢地增大拥塞窗口大小。换句话说，开发 Reno 和 NewReno 的核心目的，就是防止在拥塞发生时拥塞窗口大小变得过小，进而避免出现吞吐量过低的情况。显而易见，与将拥塞窗口大小直接减小到 1 相比，使用 *ssthresh* 时吞吐量最终的恢复速度显然更快。而且在发生拥塞时，拥塞窗口大小越大，这个效果就越明显。

Reno 和 NewReno 使用了相对简单的算法，却能实现比 Tahoe 算法更高的吞吐量。这一大优点正是它们多年以来被广泛使用的关键。

网络的高速化与长肥管道　从通信环境变化的观点来看

接下来，我们来看一下 TCP 使用环境的变化。如第 2 章介绍的一样，TCP 自 20 世纪 90 年代普及以来，发生了各种各样的变化。

近些年来，网络高速化的步伐越来越快。通过 1 Gbit/s 或 10 Gbit/s 等光纤连接的有线互联网逐渐普及，同时 5G 等能够在速度上逼近甚至超越有线网络的高速无线网络也开始推广开来。网络链路的速度不断提高，这就意味着单位时间内网络中可传输的数据量也在增加。因此，网络链路流量的传输率也有望提升。

此外，不仅仅是高速化，近些年来远程节点间的通信也变得频繁起来。例如，随着云服务的普及，用户手边的终端设备与远程数据中心中设置的云服务器之间的通信也越来越多。此外，在商业场景下，遍布各地的服务器间的数据传输、**数据中心互连**（data center interconnect，图 5.2）等应用场景也不断增多。

图 5.2 数据中心互连

端到端之间的三大时延 处理时延、队列时延和传播时延

从通信数据包发送到接收为止的**端到端的时延**，主要由以下三部分组成：因链路上的交换机和路由器进行数据包处理而产生的**处理时延**（processing delay）；因在链路上各个节点的队列中等待传输而产生的**队列时延**（queuing delay）；从信号发送节点到目的地节点所需的物理上的**传播时延**（propagation delay）。

关于传播时延，我们通常认为它在无线信号下约为 3.33 μs/km（μs 是 microsecond 的缩写，表示"微秒"），而在光纤中约为 5 μs/km。在三大时延中，处理时延和队列时延可以通过提高通信节点的性能实现进一步的优化，而传播时延则只取决于传输距离。

因此，超远程节点间的通信往往无法忽视物理特性所导致的传播时延。例如，横跨太平洋的海底光缆，其传播时延超过 50 ms。

此类宽带、高时延的通信环境就被称为长肥管道（图 5.3），可以说是近些年来最为典型的通信环境。

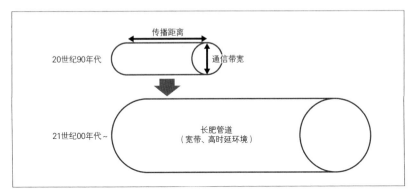

图 5.3 通信环境的变化与长肥管道

长肥管道下 NewReno 的新问题

随着长肥管道在 TCP 使用环境中的范围逐渐扩大，人们在以往默认采用的 NewReno 算法的一些问题也逐渐暴露出来。究其原因，主要是 NewReno 诞生于网络通信速度和可靠性都比较低的时代，所以它被开发出来也是为了适应这种环境，而对于现在的宽带高时延环境，它并不适合。

下文将简单介绍一下具体的问题。

一——无法有效地利用宽带

首先，第一个问题是相比链路速度，拥塞窗口大小的增幅过小，无法有效地利用宽带的优势。

如图 5.4 所示，其原因主要是，在进入拥塞避免阶段之后的快速恢复状态时，链路速度越快，恢复吞吐量所需要的时间也就越长。由于 NewReno 会将拥塞窗口大小调整为 1/2，并在之后缓慢增大，所以与在窄带环境下相比，在宽带环境下拥塞窗口大小相对于线路传输率（wire rate，传输链路上的最大数据传输速度）进行恢复的话，恢复所需的时间即使不长，也会被拉长，也就是说无法有效地利用带宽。

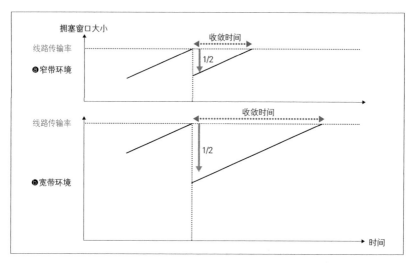

图 5.4 宽带化导致收敛时间增加

─── 宽带环境下发送率不足

第二个问题就是 RFC 793 所规定的最大拥塞窗口大小是 65 535 字节，因此即使将拥塞窗口大小设置为最大，在宽带环境下发送率也不足。不过针对此问题，新标准制定了一个窗口扩大选项，使通信可以在 TCP 协商阶段使用此选项增大最大拥塞窗口大小。

─── 时延越大，吞吐量越低

另外，如图 5.5 所示，发送方节点每次收到与发送的数据对应的 ACK 之后，都会计算 RTT 的值，随后更新拥塞窗口大小并发送数据。此时，随着传输距离的增大，RTT 也会增大，与之同时，ACK 的接收时间也会进一步延长。换句话说，数据收发的间隔，即图 5.5 中的等待时间会进一步延长。

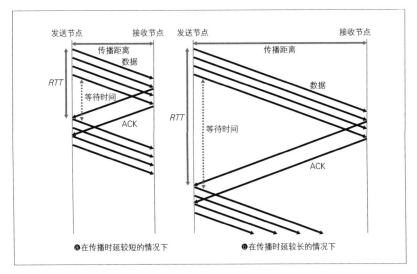

图 5.5 时延提高导致等待时间增加

最终的结果是,在拥塞窗口大小不变的情况下,通信环境的时延越大,吞吐量也就越小。

上文大致总结了长肥管道下 NewReno 算法所产生的问题。不过,本节只是定性地或者说是从理论上进行了介绍。下一节将进行模拟,并结合实际的模拟结果进一步详细介绍本节提到的问题。

5.2
基于丢包的拥塞控制
以丢包情况为指标的一种历史悠久的方法

在 TCP 拥塞控制算法中,有一种**基于丢包**的拥塞控制算法。它以丢包情况作为判断拥塞的指标,一直以来被广泛地应用在互联网中。这里将以 NewReno 为代表,介绍一下基于丢包的拥塞控制算法的基本流程。

基于丢包的拥塞控制算法的基本情况　丢包数量、拥塞窗口大小和 AIMD

在 TCP 拥塞控制算法中，NewReno 算法被分类为基于丢包的拥塞控制算法。基于丢包的拥塞控制算法指的是基于丢包情况判断网络拥塞状态的算法。

在通常情况下，如果网络较为空闲，则数据包不会被丢弃，全部都可以顺利地传输到目的地；反之，网络越拥堵，则由于缓冲区溢出等原因，链路上被废弃的数据包就越多。

基于丢包的拥塞控制算法以此为基本思路，如果发现**被丢弃的数据包**变多，则认为拥塞情况变得严重了，此时就调整**拥塞窗口大小**。简单来说，在没有发生丢包时，缓慢地增大拥塞窗口大小，而在检测出丢包时，大幅度减小拥塞窗口大小。换句话说，只要数据包不被丢弃，就尽可能地提高数据吞吐量。

然而，由于无法直接知道网络的具体拥塞情况，所以只能缓慢地增加数据包数量，并在发现数据包被丢弃时减少数据包的数量。如同第 4 章所介绍的一样，此方法被称为 AIMD，下面将进行详细的介绍。

AIMD 控制　加法增大，乘法减小

在发生丢包之前，缓慢地增大拥塞窗口大小（additive increase，加法增大），拥塞发生之后，大幅减小拥塞窗口大小（multiplicative decrease，乘法减小），这便是 AIMD 控制算法。图 5.6 展示的就是 AIMD 控制的大致流程。

AIMD 控制算法在调整拥塞窗口大小时，一般使用下页的公式[1]，利用时刻 t 的拥塞窗口大小 $w(t)$ 计算时刻 $t+1$ 的拥塞窗口大小。此外，拥塞窗口大小一般会在每次收到 ACK 之后更新。

[1]　在第 4 章，我们使用 cwnd 表示拥塞窗口大小，但在第 5 章和第 6 章，使用 $w(t)$ 表示拥塞窗口大小。

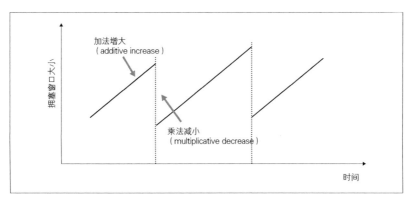

图 5.6 AIMD 控制的流程

$$w(t+1) = \begin{cases} w(t)+\alpha & \text{非拥塞时} \\ w(t)\cdot\beta & \text{拥塞时} \end{cases} \qquad (\text{公式} 5.1)$$

这里的变量 α 和 β[①] 对应的分别是每个 RTT 内非拥塞时拥塞窗口大小的增加量，以及发现丢包时拥塞窗口大小的减小量。公式的含义如下：如果网络上没有发生拥塞，则拥塞窗口大小每次就增大 α；如果发生了拥塞，则拥塞窗口大小每次按照 $w(t)\cdot\beta$ 的值进行乘法减小。

NewReno 的（严格来说是在拥塞避免阶段的）拥塞控制，毫无疑问就是 AIMD 控制算法，其中 $\alpha=1/w(t)$，$\beta=0.5$，其对应的行为就是对于每个 RTT，拥塞窗口大小增大 1。

显然，只要修改上面公式中的参数 α 和 β，就可以随意地更改拥塞窗口大小的增大速度和减小速度。例如，只要增大 α，就可以加快拥塞窗口大小的增大速度，而如果增大 β，就可以降低拥塞窗口大小的减小速度。事实上，研究者们提出了若干个调整了这两个参数的优秀方案，本书将在后文介绍这些方案。

这里，我们先以 NewReno 为例，结合实际的模拟测试来看一下运用

---

① 变量 β 的定义在第 4 章和第 5 章不太一样（主要原因是在不同的参考文献中，变量的定义和公式有所不同）。

AIMD 控制算法时拥塞窗口大小的变化情况。

[实测]NewReno 的拥塞窗口大小的变化情况　从确认模拟条件
和测试项目开始

　　图 5.7 展示的是模拟条件。这里的模拟条件和第 4 章一样,但其中的拥塞控制算法使用 NewReno。我们以一侧链路的速度和传播时延为变量,多次测试并比较结果数据。

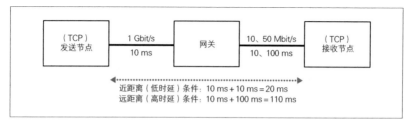

图 5.7 模拟条件 (实验 1)

　　也就是说,将链路速度分成两档——低速 (=10 Mbit/s) 和高速 (=50 Mbit/s),将传播时延也分为两档,分别是近距离 [=20 ms (=10 ms+10 ms)] 和远距离 [=110 ms (=10 ms+100 ms)],两者组合总共形成 4 种测试。这里将本次的模拟条件称为 "实验 1"。

　　要收集的数据具体有以下 4 项。

- 拥塞窗口大小 (*cwnd*)
- 吞吐量 (基于到达接收节点的数据量,每 5 秒计算一次)
- 拥塞状态
- *RTT*

　　此外,将接收窗口大小 (*rwnd*) 设为 65 535 字节,打开窗口扩大选项,把最大数据包大小 *MTU* 设置为 1500 字节,测试时间设置为 100 秒。由于本次模拟的主要目的是观察拥塞窗口大小的变化情况,所以将网关队列的最大容量设置为 10 个包,这样就更容易发生丢包。

━━━━ **实验 1 的运行和测试结果的保存位置**

要运行实验 1，需要打开 ns-3[①] 的根目录（`~/ns3/ns-allinone-3.27/ns-3.27`），并输入以下命令。

```
$ ./scenario_5_1.sh   ←运行实验1
```

测试的运行结果保存在 `data/chapter5` 目录下的 `05_xx-scl-*.data` 文件中，同时相对应的图形化数据保存在同一目录下的 `05_xx-scl-*.png` 文件中。

此外，由于客户操作系统的 `~/ns3/ns-allinone-3.27/ns-3.27/data` 目录与宿主操作系统的 `tcp-book/ns3/vagrant/shared/` 目录是同步的，所以也可以在客户操作系统中查看相应的文件。下文的 `tcp-book/` 文件夹指的是从 https://github.com/ituring/tcp-book 下载回来的文件夹。

━━━━ **模拟运行结果**　确定长肥管道下 NewReno 的问题

图 5.8 集中展示了模拟运行结果。我们可以看到，无论在哪种情况下，都是流量从 1 Gbit/s 的高速网络出来并经过网关之后速度降低，导致丢包出现，随后便进入拥塞避免阶段。因此，接下来将具体介绍在这之后，不同的网络环境下的表现。

在**窄带、低时延环境**（图 5.8 的 10 Mbit/s、10 ms）下，通过重复进行 AIMD 控制，最终得到了一个比较稳定的吞吐量。换句话说，缓慢地增大拥塞窗口大小，在其达到一定值后拥塞发生，此时一口气减小拥塞窗口大小。虽然进行了这一系列操作，但由于带宽较窄，网络很快就能恢复到原来的吞吐量，因此很难观察到吞吐量下降。

在**窄带、高时延环境**（图 5.8 的 10 Mbit/s、100 ms）下，由于 *RTT* 变大，吞吐量恢复到 10 Mbit/s 需要花费大约 50 秒。之后，直到 100 秒也没有观察到拥塞现象，这段时间 *cwnd* 大小缓慢地增大。虽然说是窄带宽，但其实高时延带来的影响已经开始表现出来了。

———————————————

① 有关 ns-3 的环境搭建，请参考 4.4 节的内容。

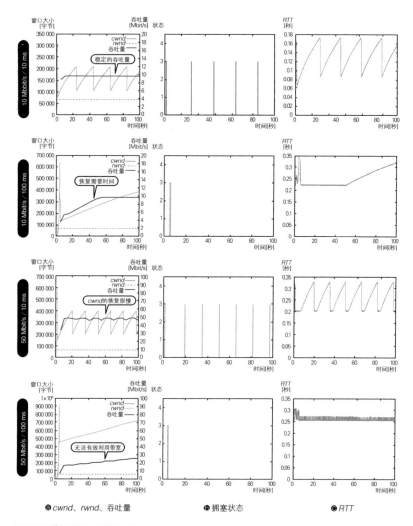

ⓐ cwnd、rwnd、吞吐量　　　　　ⓑ 拥塞状态　　　　　ⓒ RTT

图 5.8 模拟结果（实验 1）

接下来，在**宽带、低时延环境**（图 5.8 的 50 Mbit/s、10 ms）下，重复运行 AIMD 算法，我们稍微可以看到其对吞吐量的影响。究其原因，主要是随着带宽的增大，拥塞窗口大小恢复的速度也变得更慢，而拥塞窗口大小减小也意味着吞吐量的下降。

最后，在**宽带、高时延环境**（图 5.8 的 50 Mbit/s、100 ms）下，可以看到在第 100 秒前后吞吐量只达到了 25 Mbit/s，完全没能有效地利用带宽。这主要是因为，虽然逐渐增大了拥塞窗口大小，但由于 *RTT* 较大，所以增大的过程需要花费相当长的时间。这样一来，好好的宽带环境就白白浪费了。

从以上模拟结果中，我们看到了长肥管道下 NewReno 所表现出来的问题。

HighSpeed 与 Scalable　针对长肥管道的拥塞控制

如前文所述，一旦将过去常用的 NewReno 放在宽带、高时延的环境下，就会出现无法有效利用宽带的问题。

针对此问题，多个面向长肥管道的拥塞控制算法被提了出来。接下来要介绍的 HighSpeed（HighSpeed TCP，HSTCP）和 Scalable 是其中的代表。第 4 章已经介绍了这两种算法，因此这里就不再详述。下文将一边回顾复习，一边概述一下这两个算法，并采用与前面相同的条件进行模拟，然后将结果与 NewReno 进行对比。

首先，HighSpeed[①] 算法根据拥塞窗口大小调整 AIMD 控制（公式 5.1）中的变量 α 和 β。当拥塞窗口大小小于一定的阈值时，α 和 β 的值与 NewReno 中的一样，而当拥塞窗口大小超过了这个阈值时，α 和 β 的值就用拥塞窗口大小的函数来表示。此时，拥塞窗口大小越大，α 的值就越大，而对应的 β 值就越小。通过此修改，就可以实现拥塞窗口大小增大和减小之后的快速恢复。

接下来，在 Scalable[②] 中，将公式 5.1 中的变量 α 的值设为 0.01，拥塞窗口大小的增加值设为常量。此修改主要是为了解决过去的控制算法中拥塞窗口大小越大，拥塞窗口大小的增大速度就越慢的问题。

此外，Scalable 还会将丢包时拥塞窗口大小的减小量调整为现在的

①　《面向大型拥塞窗口的高速 TCP》（RFC 3649）。
②　Tom Kelly. Scalable TCP: improving performance in highspeed wide area networks [J]. ACM SIGCOMM Computer Communication Review, Vol 33, No 2, pp 83-91, 2003.

1/8。这相当于将公式 5.1 中的变量 β 的值设为 0.875。显然，与 NewReno 中 $\beta=0.5$ 相比，这里的目的是将拥塞窗口大小保持在一个较大的值上。

━━━━HighSpeed 与 Scalable 的模拟

接下来，我们也通过模拟来看一下 HighSpeed 与 Scalable 的拥塞窗口大小控制算法。模拟使用的基本条件与之前的实验 1 相同，但这里将拥塞控制算法设置为 ns-3 中内置的 `TcpHighSpeed` 和 `TcpScalable`。这里将本次的模拟条件称为"实验 2"。

打开 ns-3 的根目录，输入以下命令，运行实验 2。

```
$ ./scenario_5_2.sh
```
※保存位置：data/chapter5目录下（测试数据：05_xx-sc2-*.data；图表：05_xx-sc2-*.png）

━━━━模拟运行结果　确认 HighSpeed 和 Scalable 的问题

首先，图 5.9 展示是使用 HighSpeed 时的模拟运行结果。

从图中我们一眼就可以看出来，拥塞窗口大小的增大速度，与之前的 NewReno 算法相比明显更快。结果就是，在**低时延环境**下 AIMD 的控制周期变得非常短，不仅如此，在**窄带、高时延的环境**（10 Mbit/s、100 ms）下，吞吐量到达线路传输率花费的时间也被控制在 20 秒以内。

此外，即使在**宽带、高时延环境**（50 Mbit/s、100 ms）下，拥塞窗口大小也增大得很快，吞吐量在几十秒内便可以恢复。然而，在此模拟条件下，由于网关的最大队列长度设置得比较小，所以拥塞窗口大小一旦变大，很快就会发生丢包，导致吞吐量无法一直保持在较高的状态。

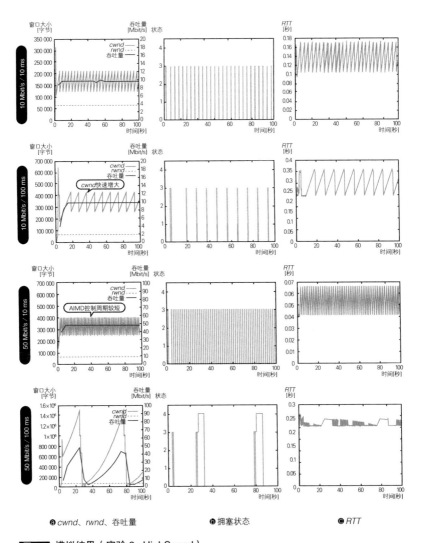

ⓐ cwnd、rwnd、吞吐量   ⓑ 拥塞状态   ⓒ RTT

图 5.9 模拟结果（实验 2：HighSpeed）

接下来，图 5.10 展示的是使用 Scalable 时的模拟运行结果。这里的拥塞窗口大小的增大速度，与 NewReno 的数据相比明显更快。Scalable 的整体情况与 HighSpeed 类似，但其 AIMD 控制周期更短，在**宽带、高时延环**

境（50 Mbit/s、100 ms）下的吞吐量同样恢复得很快。

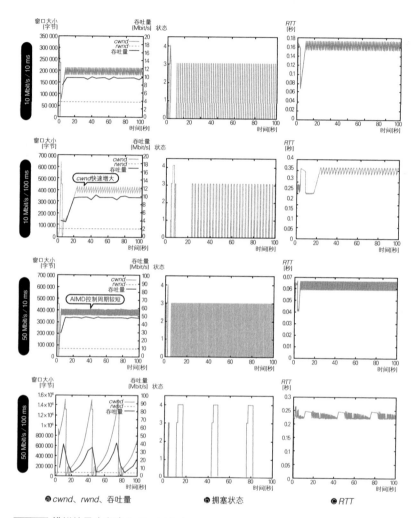

ⓐ cwnd、rwnd、吞吐量　　　　ⓑ 拥塞状态　　　　ⓒ RTT

图 5.10 模拟结果（实验 2：Scalable）

亲和性　HighSpeed 与 Scalable 的问题 ❶

从前面的数据可以看出，使用针对长肥管道开发的 HighSpeed 和 Scalable 算法，便可以在宽带、高时延环境下实现高效率的 TCP 通信。

当 TCP 网络流只有一个时，显然可以认为前面问题已经得到了解决。然而，实际上，当这两种算法与过去的 NewReno 一起使用时，它们会挤占 NewReno 的带宽，带来问题。究其原因，主要是这两种算法与 NewReno 相比，拥塞窗口大小更容易维持在一个较大的值上[①]。

一——通过模拟验证亲和性问题

接下来，我们就通过模拟来观察一下上述问题。

模拟条件如图 5.11 所示。其中有两个发送节点连接网关，在网关与接收节点之间发生拥塞。将发送节点 ❶ 设置为 NewReno 算法，发送节点 ❷ 设置为 HighSpeed 或者 Scalable 算法。为了避免 NewReno 处于不利的环境下，这里使用与实验 1 中宽带、低时延环境（50 Mbit/s、10 ms）相同的链路速度和传播时延作为参数。

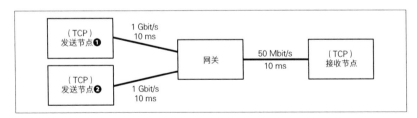

图 5.11 模拟条件（实验 3）

这里将本次的模拟条件称为"实验 3"，通过以下命令来运行它。

```
$ ./scenario_5_3.sh
```
※保存位置：data/chapter5目录下（测试数据：05 xx-sc3-*.data；图表：05 xx-sc3-*.png）

---

① 这种性质称为积极性。

——— **模拟运行结果** 过于积极，导致 NewReno 算法无立身之地（存在亲和性问题）

在模拟中，各个 TCP 网络流的吞吐量测试结果如图 5.12 所示。从图中可以看出，无论是使用 HighSpeed 还是 Scalable，它们的网络流都会占有全部的 50 Mbit/s 带宽，使得 NewReno 再无容身之地。

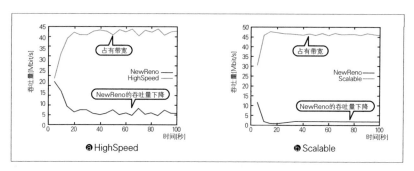

图 5.12 模拟结果（实验 3）

从结果可以看出，HighSpeed 和 Scalable 算法过于积极，很难与 NewReno 共存。

网络是无数人或者说是无数台设备所共有的，一个算法能否与过去的算法共存，是非常重要的。换句话说，如果使用了新拥塞控制算法的设备接入网络之后，网络上原本正在使用旧的拥塞控制算法通信的大量现存设备就会因为新设备的接入而无法通信，那么对于这样的问题，我们必须予以规避。此外，想要将新算法安装到种类繁多、数量巨大的所有现存旧设备上，显然是不现实的。

前面我们提过，这样的思考视角便叫作与现有算法的**亲和性**，或者也可以称为公平性。因此，我们需要寻求一种与目前使用最为广泛的 NewReno 算法更具亲和性的新算法。

RTT 公平性 HighSpeed 和 Scalable 的问题 **2**

此外，还有一个重要的问题，那便是 **RTT 公平性**。*RTT* 公平性这个

概念指的是 *RTT* 不同的网络流之间的吞吐量的公平性。HighSpeed 与 Scalable 算法存在一个问题，那便是当与 *RTT* 不同的网络流共享瓶颈链路时，*RTT* 较小的网络流会占据 *RTT* 较大的网络流的生存空间。

───── 通过模拟验证 RTT 公平性问题

下面，我们就通过模拟来确认一下这个问题。图 5.13 展示的是模拟条件。两个发送节点连接到网关上，这与之前的模拟相同。不同的地方是，两个发送节点设置了不同的传输时延，以便拉开 *RTT* 的差距，其中发送节点 ❶ 的传输时延设置为 10 ms，而发送节点 ❷ 的传输时延设置为 100 ms。

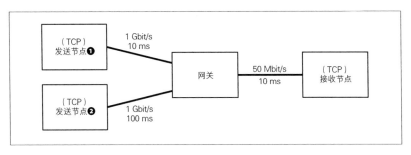

图 5.13 模拟条件（实验 4）

这里将本次的模拟条件称为"实验 4"，通过以下命令来运行它。

```
$ ./scenario_5_4.sh
```
※保存位置：data/chapter5目录下（测试数据：05 xx-sc4-*.data；图表：05 xx-sc4-*.png）

───── 模拟运行结果 RTT 较小的网络流独占网络，存在 RTT 公平性问题

实验 4 运行后，各个 TCP 网络流的吞吐量测试数据如图 5.14 所示。无论是使用 HighSpeed 还是 Scalable，*RTT* 较小的网络流都会独占整个 50 Mbit/s 的带宽，而 *RTT* 较大的网络流几乎无法通信。

如模拟结果所示，HighSpeed 与 Scalable 的 *RTT* 公平性很差。这两种算法为了提高**扩展性**（scalability）而优待拥塞窗口较大的网络流。在这样的控制逻辑下，*RTT* 公平性显然会下降。

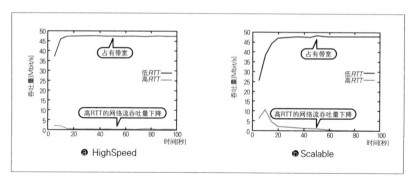

图 5.14 模拟结果（实验 4）

下一节介绍的 BIC 算法则是一个以提高 *RTT* 公平性为主要目的被开发出来的拥塞控制算法。

5.3

BIC
以宽带、高时延环境为前提的算法

BIC（BIC-TCP）算法是一个兼具稳定性、扩展性、*RTT* 公平性，以及与现有算法的亲和性等多个优点的拥塞控制算法。不仅如此，BIC 也是如今主流的拥塞控制算法之一 CUBIC 的基础，十分重要。

BIC 是什么

BIC 公布于 2004 年 [①]。此后，BIC 在 Linux 2.6.8 到 2.6.18 系统中一直常驻，直到 CUBIC 出现之后才被其取代。

BIC 也是为了满足在宽带、高时延环境下的使用需求而开发的拥塞控

---

① Lisong Xu, Khaled Harfoush, Injong Rhee. Binary Increase Congestion Control (BIC) for Fast Long-Distance Networks [C]. Twenty-third Annual Joint Conference of the IEEE Computer and Communications Societies, pp.2514-2524, 2004.

制算法，其稳定性和扩展性都很优秀。此外，BIC 算法也考虑了之前介绍的与现有算法的亲和性。

开发 BIC 的最大目的是改善 RTT 公平性。在高速网络中，拥有尾丢包（详见 6.1 节）队列的路由器会同时废弃多个连接中的数据包，包含此问题在内的 RTT 公平性问题逐渐暴露出来，而 BIC 正是以解决此类问题为首要目的而设计出来的。

第 4 章已经介绍过 BIC 算法，因此这里不再详细介绍。接下来，我们一边回顾 BIC 算法的概要与流程，一边结合实际的模拟测试详细介绍上面提出的问题。

增大拥塞窗口大小的两个阶段　加法增大和二分搜索

BIC 的拥塞窗口大小的增大情况如图 5.15 所示。BIC 算法通过**加法增大**和**二分搜索**（binary search）两个阶段来增大拥塞窗口大小。

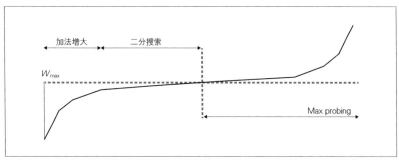

※ 出处：Injong Rhee，Lisong Xu. CUBIC: A New TCP–Friendly High–Speed TCP Variant [C]. PFLDnet，Figure 1(a) BIC–TCP window growth function，2005

图 5.15 BIC 的拥塞窗口大小的增大

BIC 以发生丢包时的拥塞窗口大小（$W_{\max}$）为目标，根据当前的拥塞窗口大小切换阶段。换句话说，当拥塞窗口大小较小时，使用加法增大的方法快速增大拥塞窗口大小，以提高扩展性和 RTT 公平性。然后，当拥塞窗口大小变大后，通过二分搜索法缓慢增大拥塞窗口大小，以避免出现过多的丢包。

此外，当拥塞窗口大小超过 W_{max} 之后，会进入 Max probing（最大值搜索）阶段。在这个阶段，拥塞窗口大小的增长函数的曲线，与拥塞窗口大小增长到 W_{max} 之前的曲线完全对称，同时拥塞窗口大小遵循新的曲线继续增长，直到发现下一次丢包。

BIC 的拥塞窗口大小的变化情况

接下来，我们通过模拟来看一下 BIC 的拥塞窗口大小的变化情况。基本的模拟条件和实验 1 一致，不同的是这里将拥塞控制算法设置为 ns-3 中自带的 TcpBic。

这里将本次的模拟条件称为"实验 5"。打开 ns-3 的根目录，通过以下命令来运行实验 5。

```
$ ./scenario_5_5.sh
```
※保存位置：data/chapter5目录下（测试数据：05 xx-sc5-*.data；图表：05 xx-sc5-*.png）

使用 BIC 时的模拟运行结果如图 5.16 所示。从图中可以看出，无论在哪种环境下，拥塞窗口大小都呈高速增大的态势。毫无疑问，BIC 表现出了与 HighSpeed 和 Scalable 相似的性能。图中也能看到 BIC 的关键特征，即加法增大、二分搜索和 Max probing 三个阶段的迁移，尤其是在宽带、高时延的环境（50 Mbit/s、100 ms）下，在第 10 秒前后的时候最为明显。从结果可以看出，BIC 拥有很强的可扩展性。

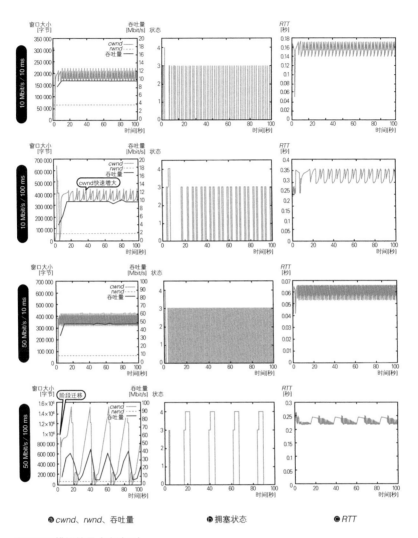

ⓐ cwnd、rwnd、吞吐量   ⓑ拥塞状态   ⓒ RTT

图 5.16 模拟结果（实验 5）

BIC 的问题

目前，BIC 已经被下一节将要介绍的 CUBIC 所替代。CUBIC 拥塞控制算法继承了 BIC 的优点，并进行了进一步的改进。因此为了避免重复，下一节将使用 CUBIC 进行 *RTT* 公平性和亲和性等的数据测试。

BIC 不仅提高了扩展性，也就是宽带、高时延环境下的效率，还提升了 *RTT* 公平性和与现有算法的亲和性，但它也被指出存在若干问题。这便是 CUBIC 诞生的背景。

在这些问题中，首先便是 BIC 在窄带、低时延的网络环境下会不当地占有带宽。此外，由于 BIC 的拥塞窗口大小的增大算法分为加法增大、二分搜索和 Max probing 等多个阶段，所以协议的解析十分复杂，而且性能预测和网络设计也十分困难。

为了解决这些问题，下一节将要介绍的 CUBIC 被开发了出来。

5.4
CUBIC 的机制
使用三次函数大幅简化拥塞窗口大小控制算法

CUBIC 默认搭载在 Linux 中，是主流拥塞控制算法之一。它通过简单的算法实现了 BIC 的核心优点——扩展性、*RTT* 公平性和亲和性。

CUBIC 的基本情况

CUBIC 默认搭载在 Linux 2.6.19 以后的版本中，毫无疑问，目前它已经成为主流的拥塞控制算法之一。作为 BIC 的改良版本，它大幅简化了 BIC 中拥塞窗口大小的复杂控制机制。

CUBIC 通过将前面图 5.15 中所展示的 BIC 拥塞窗口大小的增长函数替换为三次函数（cubic function），省去了阶段切换，实现了算法的简化。

最终的结果就是，拥塞窗口大小的增大量只由两个连续的拥塞事件之间的时间间隔①决定，这一点成为 CUBIC 的显著特点。换句话说，这意味着"拥塞窗口大小的增大速度与 *RTT* 无关"，好处就是能够提升 *RTT* 公平性。此外，按照设计，CUBIC 在 *RTT* 较小的情况下会控制拥塞窗口大小的增加量。因此很显然，与现有 TCP 的亲和性较高也是 CUBIC 的优点。

下文将结合实际的模拟数据详细介绍 CUBIC 窗口控制算法，以及 CUBIC 带来的具体效果。另外，下一节将详细介绍 CUBIC 拥塞控制算法的具体内容。

窗口控制算法的关键点

图 5.17 展示的是 CUBIC 拥塞窗口大小的增长函数。从图中可以看出，此图形与前面的图 5.15 中展示的 BIC 拥塞窗口大小的增长函数极为相似。换句话说，CUBIC 使用以"快速恢复开始后的经过时间"为自变量的三次函数，近似模拟了 BIC 中复杂的拥塞窗口大小控制。

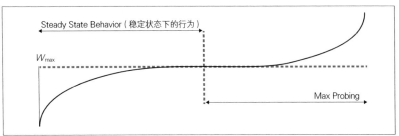

※ 出处：Sangtae Ha, Injong Rhee, Lisong Xu. CUBIC: A New TCP-Friendly High-Speed TCP Variant [C]. ACM SIGOPS operating systems review, Figure 1(b) BIC-TCP window growth function, vol.42, no.5, pp.64-74, 2008.

图 5.17 CUBIC 的拥塞窗口大小的增大

实现此结果的拥塞窗口大小增长函数可以用公式 5.2 表示。

$$w(t) = C(t-K)^3 + W_{max} \qquad （公式 5.2）$$

① 这个时间间隔的起点，其实就是丢包后出现的快速恢复阶段开始的时间点。

在这个公式中，W_{max} 代表发现丢包时的拥塞窗口大小。C 是 CUBIC 参数，而 t 是从快速恢复阶段开始的经过时间。还有，K 是决定拥塞窗口大小增大速度的参数，可以用下面的公式 5.3 来计算。此外，公式 5.3 中的 β 代表的是丢包时拥塞窗口大小的减小量。

$$K = \sqrt[3]{\frac{W_{max}\beta}{C}} \qquad （公式 5.3）$$

CUBIC 的拥塞窗口大小的变化情况

接下来，我们通过模拟来看一下 CUBIC 的拥塞窗口大小的控制情况。基本的模拟条件与实验 1 一致，不过这里将拥塞控制算法设置为 `TcpCubic`。`TcpCubic` 并没有搭载在当前的 ns-3 的官方发布版本中，不过 `TcpCubic` 模块已经在 Web 上公开发布，本书的模拟环境中已经安装了它。

这里将本次的模拟条件称为"实验 6"，通过以下命令来运行它。

```
$ ./scenario_5_6.sh
```
※保存位置：data/chapter5目录下（测试数据：05_xx-sc6-*.data；图表：05_xx-sc6-*.png）

使用 CUBIC 时的模拟运行结果如图 5.18 所示。

我们从图中大致可以看到，CUBIC 的行为与 BIC 基本相同，两者都会快速地增大拥塞窗口大小，合理、有效地利用带宽。另外，从图中还可以看到 CUBIC 的核心特征——三次函数的近似表现，尤其是在宽带、高时延的环境（50 Mbit/s、100 ms）下，在第 10 秒前后较为明显。从这个结果可以看到 CUBIC 在扩展性上的优异表现。

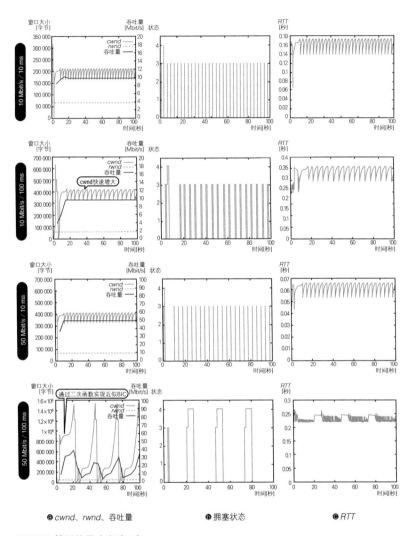

ⓐ cwnd、rwnd、吞吐量　　　ⓑ 拥塞状态　　　ⓒ RTT

图 5.18 模拟结果（实验 6）

模拟结果中展现出来的高亲和性

接下来，我们通过模拟来看一下 CUBIC 的特点，也就是与现有 TCP 的高亲和性。模拟条件与实验 3 基本一致（前面的图 5.11），这次的测试要比较 NewReno 和 CUBIC 的吞吐量。

这里将本次的模拟条件称为"实验 7"，通过以下命令来运行它。

```
$ ./scenario_5_7.sh
```
※保存位置：data/chapter5目录下（测试数据：05_xx-sc7-*.data；图表：05_xx-sc7-*.png）

运行实验 7，并收集各个 TCP 网络流的吞吐量数据，结果如图 5.19 所示。

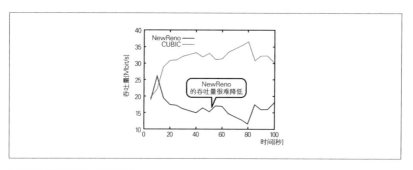

图 5.19 模拟结果（实验 7）

从结果可以看出，与 HighSpeed 和 Scalable 相比，NewReno 的吞吐量有很大幅度的改善。也就是说，CUBIC 通过抑制积极性提高了与现有 TCP 网络流的亲和性。

模拟结果中展现出来的 RTT 公平性

接下来，我们通过模拟来看一下 CUBIC 的另一个特点——RTT 公平性的提升。模拟条件与实验 4（前面的图 5.13）基本一致，这里将收集各个 CUBIC 网络流的吞吐量数据并进行比较。

这里将本次的模拟条件称为"实验 8",通过以下命令来运行它。

```
$ ./scenario_5_8.sh
※保存位置: data/chapter5目录下（测试数据: 05 xx-sc8-*.data; 图表: 05 xx-sc8-*.png）
```

运行实验 8,并收集各个网络流的吞吐量数据,最终汇总如图 5.20 所示。

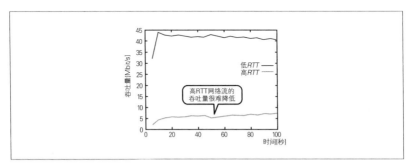

图 5.20 模拟结果（实验 8）

在本次的模拟条件下,*RTT* 之间的差别非常大,因此无法完全实现 *RTT* 的公平化。但是,与刚才使用 HighSpeed 和 Scalable 时相比（前面的图 5.14）,高时延网络流的吞吐量显然得到了大幅提升。这也是 CUBIC 的 "拥塞窗口大小的增大速度不依赖于 *RTT*" 这一特点的最好表现。

窄带、低时延环境下的适应性

接下来,我们再来确认一下 BIC 在窄带、低时延环境下拥塞窗口大小急速增大的问题,以及使用 CUBIC 时对它的抑制效果。模拟环境如图 5.21 所示。这里连接网关的虽然也是两个发送节点,但从网关到接收节点之间是 10 Mbit/s 的窄带环境。发送节点①设置为 NewReno,发送节点②设置为 BIC 或者 CUBIC。

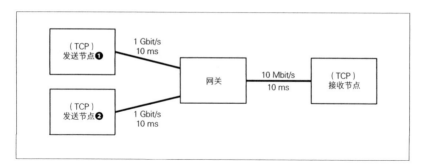

图 5.21 模拟条件（实验 9）

这里将本次的模拟条件称为"实验 9"，通过以下命令来运行它。

运行实验 9，并收集各个 TCP 网络流的吞吐量数据，结果如图 5.22 所示。

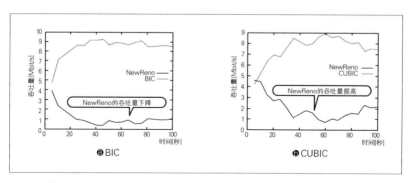

图 5.22 模拟结果（实验 9）

从图中可以看出，BIC 占据了大部分的带宽，导致 NewReno 的吞吐量极小。而在使用 CUBIC 时，NewReno 的吞吐量得到了改善，提升了接近一倍。从结果来看，显然 CUBIC 解决了 BIC 在窄带、低时延环境下占有带宽的老问题。

CUBIC 的问题

从前面的结果来看，CUBIC 的出现解决了一系列问题。其中主要有，现有算法与宽带、高时延环境的适应性（**扩展性**）这个老问题，还有不同 *RTT* 的网络流之间吞吐量公平性的问题，以及与现有拥塞控制算法的亲和性问题等。

但是，CUBIC 并不能解决所有问题。从拥塞窗口大小增长函数可以看出，只要网络上不发生拥塞，拥塞窗口大小就会一直增大，因此只要不发生拥塞，链路中路由器等设备的缓冲区就会被不停地填充，直到发生丢包为止。因此，当网络中的缓冲区较多时，就会导致**队列时延增大**。

针对此问题，这里同样使用模拟来确认一下。基本的模拟条件同实验 7 的宽带、低时延环境（50 Mbit/s、10 ms）一致，然后将网关的最大队列长度调整为 100 个数据包、10 000 个数据包，并收集对应的 *RTT* 数据。

这里将本次的模拟条件称为"实验 10"，通过以下命令来运行它。

```
$ ./scenario_5_10.sh
```
※保存位置：data/chapter5目录下（测试数据：05 xx-sc10-*.data；图表：05 xx-sc10-*.png）

收集到的 *RTT* 数据如图 5.23 所示。

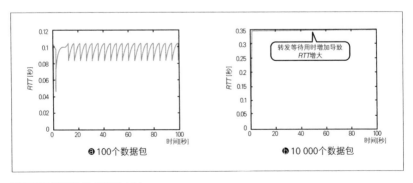

❸100 个数据包　　　　　　　❹10 000 个数据包

图 5.23 模拟结果（实验 10）

当最大队列长度设置为 100 个数据包时，*RTT* 最大也只有 0.1 秒左右，而当最大队列长度设置为 10 000 个数据包时，*RTT* 则一直保持在 0.35 秒。

这个差距代表的是发送队列中转发等待用时的增加。在本次的模拟环境下，只有 1 个网关的转发等待用时增加了，因此影响有限，然而如果传输链路上多台路由器、交换机等设备上的转发等待用时同时增加，那么最终给 *RTT* 和吞吐量带来的影响恐怕会十分巨大。

为了应对这种时延增大的问题，基于延迟的拥塞控制算法被开发了出来。下一章将详细介绍这类算法。

在介绍此类算法之前，我们将在下一节使用伪代码详细介绍 CUBIC 算法的具体内容。

5.5
使用伪代码学习 CUBIC 算法
主要的行为与处理过程

本节将使用伪代码分步骤介绍 Linux CUBIC algorithm v2.2[①] 算法在初始化、丢包和超时时的各种情况。

初始化

首先是初始化处理，相应的伪代码如下所示。

```
tcp_friendliness <- 1 // 提高TCP亲和性
β <- 0.2 // 丢包时拥塞窗口大小的减小量
fast_convergence <- 1 // 加速丢包时拥塞窗口大小的恢复过程
C <- 0.4 // CUBIC参数
cubic_reset() // 重置各种变量值
```

其中，β 如上文所述，是丢包时拥塞窗口大小的减小量，而 C 是 CUBIC 参数。此外，`tcp_friendliness` 是一个二进制变量，用于打开或关闭提高 TCP 亲和性的功能；`fast_convergence` 也是一个二进制变量，用

① Sangtae Ha，Injong Rhee，Lisong Xu. CUBIC: A New TCP-Friendly High-Speed TCP Variant. ACM SIGOPS operating systems review，vol.42，no.5，pp.64-74，2008.

于打开或关闭在丢包时加速拥塞窗口大小恢复的功能。cubic_reset()
是用于重置各个变量的函数，后文将具体介绍它。

收到 ACK 时的行为

在发送节点收到 ACK 时，算法按照以下伪代码进行处理。

```
If dMin then dMin <- min(dMin, RTT) // 计算代表RTT最小值的变量dMin
else dMin <- RTT
if cwnd ≤ ssthresh then cwnd <- cwnd + 1
// 当cwnd的值小于等于ssthresh时，对cwnd进行加法运算
else
  cnt <- cubic_update() // 调整cwnd的增大速度
  if cwnd_cnt > cnt then cwnd <- cwnd + 1, cwnd_cnt <- 0
  |_ else cwnd_cnt <- cwnd + 1
```

首先，计算代表 *RTT* 最小值的变量 dMin。这一值将在后面用于计算
从拥塞事件开始后经过的时间。接下来，当拥塞窗口大小 cwnd 的值小于
等于 ssthresh 时，对 cwnd 进行自增运算。而当 cwnd 大于 ssthresh
时，使用 cubic_update() 函数调整 cwnd 的增大速度。

丢包时的行为

在发生丢包时，算法按照以下伪代码进行处理。

```
epoch_start <- 0 // epoch开始时间的初始化处理
if cwnd < W_last_max and fast_convergence then W_last_max <- cwnd * (2 - β) / 2
                                          // 根据选项计算W_last_max的值
else W_last_max <- cwnd
ssthresh <- cwnd <- cwnd * (1 - β) // 根据β减小cwnd、ssthresh的值
```

首先，将此拥塞事件后的控制阶段（称为 epoch）的开始时间初始化。
其次，计算要使用的变量 W_{last_max} 的值，它用于保持拥塞发生时的拥塞窗
口大小。此时，如果 fast_convergence 选项处于激活状态，就调整这
个值。也就是说，当 W_{last_max} 的值比上次小时，就认为网络拥塞变得更严
重了，此时就将 W_{last_max} 的值减小，以提高效率。最后，根据变量 β 的

值减小 cwnd 和 ssthresh 的值。β 的值为 0.2，和初始化设置的一致。

超时时的行为

当发生超时时，算法将按照下面的命令运行 cubic_reset() 函数。

```
cubic_reset()
```

主要的函数与处理

下面，我们来看一下各个阶段出现的函数及其相应的处理过程。

━━━cubic_update() 函数

cubic_update() 函数是用于调整拥塞窗口大小增大量的重要函数，会在收到 ACK 时被运行。实际上，其运行逻辑如以下伪代码所示。

```
ack_cnt <- ack_cnt + 1
if epoch_start ≤ 0 then
|   epoch_start <- tcp_time_stamp // epoch开始时的初始化处理
|   if cwnd < Wlast_max then K <- sqrt[3]{(Wlast_max-cwnd) / C}, origin_poin t <- Wlast_max
|   else K <- 0, origin_point <- cwnd
|   ack_cnt <- 1
|   Wtcp <- cwnd
t <- tcp_time_stamp + dMin - epoch_start // epoch开始后经过的时间
target <- origin_point + C(t - K)³ // 设置目标值
if target > cwnd then cnt <- cwnd/(target-cwnd)
// ✪ 在convage、convex模式下对cwnd进行加法运算
else cnt <- 100 * cwnd
if tcp_friendliness then cubic_tcp_friendliness()
// 开始进行提高TCP亲和性的处理
```

首先将公式 5.2 中的 *W(t)* 的值设置为拥塞窗口大小增加量的目标值。此时，根据 cwnd 值的不同，分别使用 3 种模式。

第 1 种，当 cwnd 小于假定使用 Reno 和 NewReno 时的期望值时，就使用 TCP 模式。后文将介绍此模式下的行为。第 2 种，当 cwnd 小于

W_{last_max} 时，进入 concave 模式。除此以外的情况，则使用 convex 模式 [①]。

在 concave 模式下，cwnd 的增加量是 $[W(t+RTT) - cwnd] / cwnd$，上述伪代码中使用❷进行了标注。在 convex 模式下，由于 cwnd 的值超过了上一次拥塞事件时的值，所以认为此时网络的拥塞情况得到了缓解，于是缓慢地增大拥塞窗口大小的增大量。此模式也被称为 Max probing 阶段（详见前面的图 5.17）。

——cubic_tcp_friendliness 函数

cubic_tcp_friendliness() 函数在 cubic_update() 函数的最后运行，主要进行以下伪代码的处理过程。

```
Wtcp <- Wtcp + (3 β ack_cnt) / ((2 - β) cwnd) // Reno或NewReno的cwnd期望值
ack_cnt <- 0
if Wtcp > cwnd then // TCP模式
|   max_cnt <- cwnd/Wtcp-cwnd
|   if cnt > max_cnt then cnt <- max_cnt
```

其中，W_{tcp} 是使用 Reno 或 NewReno 时的拥塞窗口大小的期望值。当 cwnd 小于此值时，CUBIC 工作在 TCP 模式，并将 W_{tcp} 的值代入 cwnd。此方法可以提高拥塞算法与 Reno 或 NewReno 算法在一起时的公平性。

——cubic_reset 函数

cubic_reset() 函数会在初始化和超时时被调用，用于重置各个变量的值。

```
Wlast_max <- 0, epoch_start <- 0, origin_point <- 0
dMin <- 0, Wtcp <- 0, ack_cnt <- 0
```

[①] concave 和 convex 的意思分别是凹和凸，它们分别表示 CUBIC 拥塞窗口大小的三次函数处于下凹或凸出的区间。

5.6
小结

本章结合模拟实验详细介绍了过去的拥塞控制算法在近些年来随着网络环境变化而不断浮现出来的问题，同时也介绍了新出现的 CUBIC 拥塞控制算法。下面简单回顾一下本章的内容。

随着互联网的普及，TCP 也被广泛地推广开来。与此同时，Reno 和 NewReno 拥塞控制算法作为标准也被广泛地应用开来。随后，近些年来，网络环境发生变化，传输速率提升、云服务普及等变化使得名为长肥管道的宽带、高时延环境逐步推广。在这种新环境下，Reno 和 NewReno 算法出现了问题，主要包括快速恢复时吞吐量恢复所需时间变长、无法有效利用宽带环境等。

为了处理此类问题，HighSpeed 和 Scalable 等一系列针对长肥管道的算法被提了出来。这些算法可以提升快速恢复阶段的拥塞窗口大小增大速度，最终使拥塞窗口大小保持在一个较大的值。然而，这些算法也存在一些问题，例如由于这种行为过于激进，所以这些算法与 Reno 和 NewReno 之间的亲和性较低，而且不同 RTT 的网络流之间的吞吐量公平性也较低等。

于是，为了解决这些问题，人们逐渐开始使用 BIC。但是 BIC 也存在一些问题：在窄带环境或者低时延的网络环境下过于激进，而且控制过程过于复杂等。

经过一系列的发展，CUBIC 被开发了出来，它拥有 BIC 的可扩展性、RTT 公平性和与现有算法的亲和性等优势，并使用较为简单的算法将这些特性实现了出来。

CUBIC 算法使用以快速恢复阶段开始后的经过时间为自变量的三次函数来确定拥塞窗口大小的增加量，这就使得拥塞窗口大小的增大速度不再依赖于 RTT 的值，提高了 RTT 的公平性。此外，它还会在 RTT 较小时控制拥塞窗口大小的增加量，这就解决了 BIC 存在的问题。CUBIC 可以说是迄今为止所有基于丢包的拥塞控制算法的集大成之作，目前默认搭载在 Linux 中，毫无疑问是现今主流的拥塞控制算法之一。

我们从本章内容可以看出，即使是性能卓越的拥塞控制算法，随着技术的进步和网络环境的变化，有时也会不断暴露出新的问题。此外，近些年来，随着存储成本的降低和其他一些因素的变化，路由器等网络设备中安装的缓冲区存储容量也呈现出增大的趋势。在这种环境下，如果使用基于丢包的拥塞控制算法，就会出现一种情况，即只要不发生丢包，拥塞窗口大小就会无限增大，因此网络链路中的缓冲区会被逐步占满，然后队列时延就会增大，最终导致 *RTT* 增大或吞吐量减小。下一章将详细介绍这一问题，以及专门为了解决这一问题而开发的新算法。

参考资料

• 甲藤二郎．広帯域高遅延環境における TCP の課題と解決策 [J]. 電子情報通信学会．知識の森，3群4編 2-1，2014.

• Sangtae Ha，Injong Rhee，Lisong Xu. CUBIC: A New TCP-Friendly High-Speed TCP Variant [C] ACM SIGOPS operating systems review，vol.42，no.5，pp.64-74，2008.

• Tom Kelly，Scalable TCP: Improving Performance in Highspeed Wide Area Networks [C]. ACM SIGCOMM Computer Communication Review，Vol 33，No 2，pp 83-91，2003.

•《面向大型拥塞窗口的高速 TCP》(RFC 3649).

• Lisong Xu，Khaled Harfoush，Injong Rhee. Binary Increase Congestion Control (BIC) for Fast Long-Distance Networks [C]. Twenty-third Annual Joint Conference of the IEEE Computer and Communications Societies，pp.2514-2524，2004.

第6章

BBR 算法

检测吞吐量与RTT的值,调节数据发送量

近些年来,在存储成本不断下降和通信速度不断提升的背景下,路由器等网络设备中的缓冲区存储容量不断增大。随之而来的,便是包含 CUBIC 算法在内的那些过去的拥塞控制算法,在缓冲区时延增大的情况下出现了吞吐量下降的问题。

针对此问题,谷歌在 2016 年 9 月发布了新的拥塞控制算法 BBR。它属于基于延迟的拥塞控制算法,以 *RTT* 作为指标增减拥塞窗口大小。如今,BBR 的应用范围很广,不仅默认搭载在 Linux 系统中,还在 Google Cloud Platform(GCP)中被广泛使用,可以说是目前主流的拥塞控制算法之一。

本章将结合模拟实验,详细介绍缓冲区增大给 CUBIC 带来的影响,以及 BBR 算法和其具体性能。

6.1

缓冲区增大与缓冲区时延增大

存储成本下降的影响

由于网络设备上安装的缓冲区存储容量增大，所以缓冲区时延增大所导致的吞吐量下降问题逐渐暴露出来。本节将介绍缓冲区时延增大给 TCP 通信带来的影响。

网络设备的缓冲区增大

近些年来，路由器、交换机等网络设备上安装的缓冲区存储容量不断增大。究其原因，主要是存储成本不断下降。此外，大部分人认为存储容量越大越好，而且这一点不仅限于网络设备。这种思潮也是引发这一现象的原因之一。

网络设备的缓冲区增大，好处就是更不容易出现网络丢包。换句话说，即使网络设备瞬间收到大量数据包，也可以将这些数据包存储在缓冲区中，并按顺序发送出去。这里，我们将这种爆发性网络流量下更不容易出现丢包的特性称为爆发耐性。

如果缓冲区过小，一旦爆发性流量到达设备，就很容易超出缓冲区大小的上限，使缓冲区溢出，并发生丢包。此时，只要到达的网络流（TCP 网络流）使用的是之前介绍的基于丢包的拥塞控制算法，吞吐量就会在每次发生丢包时减小。即使拥塞窗口大小很小，如果网络流碰巧与其他的网络流同时到达网络设备，那么对于网络设备来说，这种情况同样可以视作爆发性的网络流量，也会导致数据包被废弃。因此，即使网络流的传输速率很低，也很容易因为拥塞控制算法的过激反应而导致吞吐量出现不必要的下降。

如果增大缓冲区，就不容易发生此类问题，网络通信也会更加稳定。图 6.1 便是缓冲区大小与网络丢包之间的关系示意图。

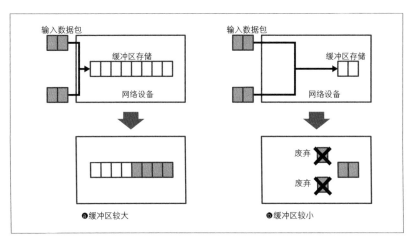

图6.1 缓冲区大小与丢包（数据包废弃）

缓冲区膨胀 缓冲区增大所带来的危害——时延增大

虽然增大缓冲区可以减少丢包，但缓冲区容量并非越大越好。增大缓冲区也会带来其他的危害，那就是缓冲区时延增大。由缓冲区时延增大带来的通信数据包的端到端时延增大的现象称为缓冲区膨胀（bufferbloat，缓冲区时延增大），此问题从 2009 年开始逐渐被广泛关注。

根据上一章介绍的知识，通信数据包的端到端时延如图 6.2 所示，包括链路上的网络设备的**处理时延**、在各个节点的缓冲区存储上的转发等待时间即**队列时延**，以及节点之间链路的信号传输所必需的物理上的**传播时延**。

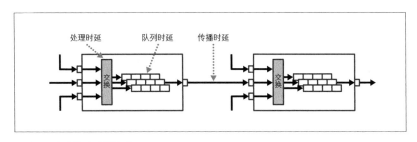

图6.2 端到端时延的构成

当缓冲区容量增大，等待的数据包的数量就会增加，也就是说，在存储上的转发等待时间——队列时延就会增大。随之而来的便是 *RTT* 的增大，最终的结果是 TCP 网络流的吞吐量下降。

——AQM 与 RED 算法

为了控制缓冲区膨胀现象，许多方法被提出并实现。AQM（Active Queue Management，主动队列管理）是其中具有代表性的技术。AQM 算法的思路便是在缓冲区容量即队列被填满之前，主动地开始丢包处理，以防止出现缓冲区溢出的现象。

RED（Random Early Detection，随机早期检测）是最著名的 AQM 算法。RED 算法时刻监测队列长度，当发现队列长度超过一定的阈值之后，就按照提前设置好的概率开始丢弃输入数据包。队列长度越长，丢包率就会设置得越大，以防止出现缓冲区溢出。在使用 RED 时，发送包量较大的网络流将以更高的概率丢弃数据包。与尾丢包（tail drop，在缓冲区溢出时丢弃数据包的策略）相比，这种方法更为公平。此外，还有加权 RED 算法等多种 AQM 算法。

AQM 是进行数据包中转的网络设备端的算法技术，不过，我们也能很容易地想象到，发送数据包的流量生成方，即运行 TCP 拥塞控制算法的一方，肯定也有相应的算法对策。在开始介绍控制缓冲区膨胀的拥塞控制算法之前，笔者将简单介绍一下过去的基于丢包的拥塞控制与缓冲区膨胀之间的关系。

基于丢包的拥塞控制与缓冲区膨胀的关系

首先，我们来回顾一下基础知识。TCP 要发送新数据，就必须先从接收方接收到 ACK。这是 TCP 的基本行为，与拥塞控制算法完全无关，同时也是 TCP 与 UDP 的不同。如果是 UDP，那么发送节点只要持续不断地发送数据即可，完全不会受链路上缓冲区时延等的影响。但是，UDP 无法保证数据一定能到达目的地。

TCP 一边通过接收方发送回来的 ACK 确认数据已经成功到达目的地，

一边发送数据。因此，如图 6.3 所示，随着缓冲区时延的增大，数据到达所需要的端到端时延会增大，而 ACK 的到达也会随之推迟，最终的结果就是数据的发送间隔变长，吞吐量下降。

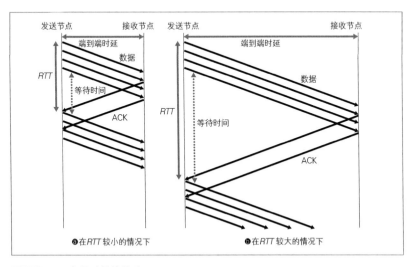

图 6.3 RTT 与吞吐量的关系

根据缓冲区容量与 RTO（超时重传时间）的大小关系，甚至可能会出现数据包在链路上的缓冲区中停留的时间超过 RTO，导致数据重传的情况。而且，基于丢包的拥塞控制算法正是以丢包作为判断拥塞的指标。因此，只要不发生丢包，就会一直增大拥塞窗口大小。

近些年来，随着数据传输可靠性（错误少）的提升，缓冲区溢出成了数据丢包的主要原因。也就是说，在使用基于丢包的拥塞控制算法时，只要不发生丢包（不出现缓冲区溢出），数据发送量就会一直增加。

一方面，如果网络链路上的缓冲区较小，就会因缓冲区溢出而频繁发生丢包；另一方面，随着缓冲区增大，缓冲区不再容易溢出，但是发出的数据包会将网络中的各台设备的缓冲区填满，带来的影响是 RTT 增大。

总的来说，TCP 网络流本身是引起缓冲区膨胀的原因，同时缓冲区膨胀又会反过来影响 TCP 网络流自身。考虑到因为超时而进行重传等情况，可以断言，基于丢包的拥塞控制算法更容易使时延增大。

缓冲区增大给 CUBIC 带来的影响　通过模拟来确认

接下来，我们通过模拟来看一下缓冲区时延增大给 TCP 吞吐量带来的影响。下面将使用基于丢包的拥塞控制算法中的代表性算法 CUBIC。我们在修改网络上的缓冲区大小的同时，收集相应情况下的拥塞窗口大小、RTT 和吞吐量的数据。模拟条件如图 6.4 所示。这里，我们将本次的模拟条件称为"实验 11"。

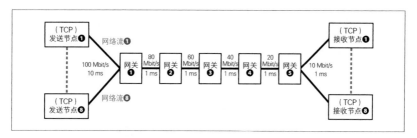

图 6.4 模拟条件（实验 11）

本次实验为了模拟网络上的缓冲区时延，组建了一个经过多个网关节点（gateway node）的网络拓扑[①]结构。这里，我们是为了方便才使用"网关节点"这个说法的，大家可以将其想象为网络上的路由器等设备，应该会更方便理解。

随着发送节点向接收节点不断发送数据包，模拟环境上的链路速度会降低，数据包会滞留在各个网关节点的发送队列中，这便导致了缓冲区时延。这里模拟的便是"互联网上多个网络流汇合之时，每个网络流可占用的带宽会变小"的现象。为了减少模拟的时间，这里将发送节点个数控制在 8 个，这样就可以不用准备更多的网络流。

实验 11 具体要收集的数据与上一章一样，即拥塞窗口大小（cwnd）、吞吐量（基于到达接收节点的数据量，每 5 秒计算一次）、拥塞状态和 RTT，共 4 项。将接收窗口大小（rwnd）设置为 65 535 字节，打开窗口扩大（window scaling）选项，然后把代表最大数据包长度的 MTU 设置为

---

① 其英文为 network topology，指的是网络的逻辑和物理上的形态。

1500 字节，把测试时间设置为 100 秒。为了确认缓冲区增大的影响，这里分别将各个网关节点的最大队列长度设置为 100、1000、10 000 个数据包，并分别基于这 3 种环境进行模拟。

打开 ns-3 的根目录，通过以下命令来运行实验 11。

```
$ ./scenario_6_11.sh
```
※保存位置：data/chapter6目录下（测试数据：06 xx-sc11-*.data；　图表：06 xx-sc11-*.png）

──── 模拟运行结果　随着缓冲区增大，RTT 显著增大

模拟运行结果如图 6.5 所示。这里，我们首先将目光集中到发送节点❶ 发送的 TCP 网络流的拥塞窗口大小和吞吐量上。从图中可以一目了然地看到，随着网络上的缓冲区增大，*RTT* 显著增大。特别是在队列长度为 10 000 的情况下，*RTT* 甚至到了 7 秒左右，这对吞吐量的影响无疑非常大。此外，本次模拟中各个网络节点的队列设置为 DropTail 方式，因此需要注意，由于没有特意对网络流之间的公平性进行控制，所以最终可能链路带宽并不会被公平地使用。

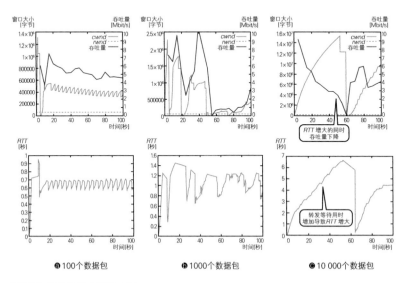

ⓐ 100 个数据包　　ⓑ 1000 个数据包　　ⓒ 10 000 个数据包

图 6.5 模拟结果（实验 11）

综上所述，基于丢包的拥塞控制算法只要仍有缓冲区，就会不断地增加数据发送量。正因为有这个特点，这类算法在缓冲区比较大的情况下才会出现缓冲区时延增大的问题。

6.2
基于延迟的拥塞控制
以 RTT 为指标的算法的基本情况和 Vegas 示例

在 TCP 的拥塞控制算法中，**基于延迟的拥塞控制算法**使用 *RTT* 作为指标。接下来，笔者就以具有代表性的基于延迟的拥塞控制算法 Vegas 为例，介绍一下其基本的行为。

3 种拥塞控制算法和如何结合环境选择算法

从前面介绍的内容来看，TCP 的拥塞控制算法大致上分为 3 种（图 6.6）。具体来说，就是以丢包作为拥塞指标的**基于丢包的拥塞控制**、以 *RTT* 为指标的**基于延迟的拥塞控制**，以及两者结合的**混合型拥塞控制**。

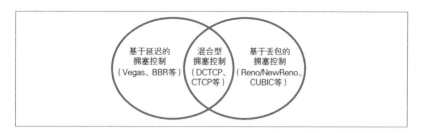

图 6.6 拥塞控制算法的种类

必须注意，这些算法各有各的特征，所适应的环境也各有不同，我们无法简单地说哪种算法更加优秀。

例如，进行复杂拥塞控制的算法通常能以更小的粒度增减拥塞窗口大小，但是此类算法存在许多问题，例如理论上难以解析，无法预测其下一步的行为，以及在性能较低的设备上甚至无法运行等。此外，如上一章所述，NewReno 不适合宽带、高时延环境，这也是一个非常有代表性的例子。上一章介绍了与现有 TCP 的亲和性较差的 HighSpeed 与 Scalable 算法，假如能够为它们准备一个不存在其他拥塞控制算法的局域网环境，那么这两种算法便可以活用自己在扩展性方面的优势，成为拥塞控制算法中有力的竞争者。

综上所述，选择算法需要结合实际的使用环境，因此我们必须详细地了解各个算法的特点。上一章介绍了上述 3 种拥塞控制算法中基于丢包的拥塞控制算法。那么，本章就来介绍基于延迟的拥塞控制算法。

基于延迟的拥塞控制的基本设计思路 RTT 的增大与队列时延的增大

前文已经介绍过了，TCP 每次收到 ACK 时就会计算 RTT 的值。基于延迟的拥塞控制会将这个 RTT 值作为判断网络拥塞状态的指标，当发现 RTT 比较大时，就认为拥塞状态已经恶化，然后调整拥塞窗口的大小。

RTT 是通过合并计算往返的端到端时延而得到的。端到端时延的构成要素如第 207 页的图 6.2 所示。在这些之前已经介绍过的端到端时延的构成要素中，节点链路间传输信号所必须的物理上的**传播时延**和传输链路上网络设备中的**处理时延**基本上保持不变[①]。与之相对，在内存存储上的转发等待时间，也就是**队列时延**，会受缓冲区上能存储多少数据的影响而大幅变化。由于从输出链路流出的数据，其转发速度保持稳定，所以在此速度下，单位时间内输入的数据量如果变多，那么无法及时输出的数据就会缓存在内存中，并不断累积，这就会导致转发新到达的数据包要花费更多的时间。

也就是说，基于延迟的拥塞控制正是利用了以上性质，认为链路上 RTT 增大的原因正是**队列时延增大**。因此，此类拥塞控制算法的基本逻辑就是在 RTT 较小时增大拥塞窗口大小，而在 RTT 较大时减小拥塞窗口大小。

迄今为止，已经有许多种基于延迟的拥塞控制算法被提出来和使用。其中具有代表性的算法包括 Vegas、面向宽带环境开发的 FAST TCP 等。

---

① 严格来说，根据设备和条件不同，会有少许变化。

此外，本章将详细介绍的 BBR 也属于这种类型。接下来，本书将以具有代表性的算法 Vegas 为例，结合模拟实验和收集的数据详细地观察一下其拥塞窗口大小的变化情况。

Vegas 的拥塞窗口大小的变化情况

下面将介绍 Vegas 拥塞窗口大小控制算法[①] 的要点。设时刻 t 的拥塞窗口大小为 $w(t)$，那么时刻 $t+1$ 的拥塞窗口大小可以用公式 6.1 来表示。

$$w(t+1) = \begin{cases} w(t) + \dfrac{1}{D(t)} \left(\dfrac{w(t)}{d} - \dfrac{w(t)}{D(t)} < \alpha \right) \\ w(t) - \dfrac{1}{D(t)} \left(\dfrac{w(t)}{d} - \dfrac{w(t)}{D(t)} > \alpha \right) \\ w(t) \qquad (else) \end{cases} \qquad （公式 6.1）$$

在上面的公式中，d 是往返的传播时延，$D(t)$ 代表实际测试到的 RTT。也就是说，$w(t)/d$ 是期望吞吐量，$w(t)/D(t)$ 是时刻 t 的实际吞吐量，拿它们的差值与阈值 α 进行比较，然后根据结果来增减 $w(t)$ 的值。此外，阈值 α 是提前设置的参数。如果网络上的缓冲区时延非常小，期望吞吐量与实际吞吐量的差值就会比 α 小，此时就如公式 6.1 所示，每个 RTT 让拥塞窗口大小增大 1。而当拥塞比较严重，缓冲区时延大时，期望吞吐量与实际吞吐量的差值会大于 α。此时，每个 RTT 让拥塞窗口大小减小 1，以此控制数据包的发送。接下来，我们通过模拟来确认一下 Vegas 的拥塞窗口大小的变化情况。

这里使用与之前的实验 11 一样的模拟条件，用 Vegas 代替 CUBIC 进行实验。我们将本次的模拟条件称为"实验 12"。打开 ns-3 的根目录，输入以下命令来运行实验 12。

```
$ ./scenario_6_12.sh
※保存位置：data/chapter6目录下（测试数据：06 xx-sc12-*.data，图表：06 xx-sc12-*.png）
```

① Steven Low, Larry Peterson, Limin Wang. Understanding TCP Vegas: Theory and Practice [R]. Printson University Technical Reports，TR-616-00，2000.

———**模拟运行结果** RTT 和吞吐量都与缓冲区大小无关

模拟运行结果如图 6.7 所示。从结果我们可以一眼看出，在使用 Vegas 的情况下，*RTT*、吞吐量完全与缓冲区大小无关，并保持一定值不变。*RTT* 的值也只有 50 ms 左右，比较小。在这次的模拟条件下，传播时延被设置为往返 30 ms，因此缓冲区时延总共为 20 ms 左右。

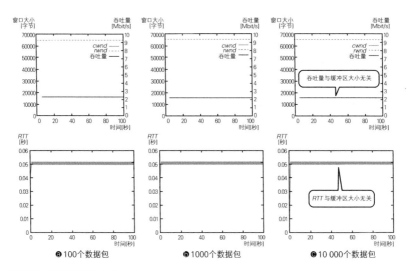

图 6.7 模拟结果（实验 12）

综上所述，在缓冲区时延稍微增大时，通过控制拥塞窗口大小的增大防止拥塞进一步恶化，便可以保持吞吐量稳定。

过去的基于延迟控制的问题 积极性过差，容易被淘汰

按"惯例"，接下来我们看一下 Vegas 存在的问题。Vegas 在理想的环境下确实可以不发生数据丢包，而且还可以保持稳定、低时延，实现高吞吐量。这一点可以从刚才的模拟结果中看到。

然而很遗憾，互联网这种牵涉非特定的多台主体设备的环境，其实很多是非理想的环境。举个具体的例子，Vegas 的积极性非常低，当 *RTT* 增大之后，它很快就会减小拥塞窗口大小，因此就非常容易被基于丢包的拥塞

控制算法淘汰，简而言之就是很难与这些算法共存。况且，过去一直被广泛使用的算法是基于丢包的拥塞控制算法 NewReno，而之后替代它的算法是 CUBIC。这样看下来，想要在互联网中实际使用 Vegas 确实很难。

接下来，我们通过模拟来确认一下上述 Vegas 的问题。这里使用与之前的实验 11 几乎一样的模拟条件，同时只将发送节点❶ 的网络流设置为 Vegas，其他的网络流设置为 CUBIC，然后观察 Vegas 的行为。这里将本次的模拟条件称为"实验 13"。打开 ns-3 的根目录，输入以下命令来运行实验 13。

```
$ ./scenario_6_13.sh
```
※保存位置: data/chapter6目录下 (测试数据: 06 xx-sc13-*.data, 图表: 06 xx-sc13-*.png)

——— 模拟运行结果　与基于丢包的拥塞控制算法很难共存

模拟运行结果如图 6.8 所示。在这种条件下，占据主要地位的 CUBIC 网络流会将缓冲区用光，所以 RTT 会随着缓冲区大小一起增大，最终变成与实验 11 一样的结果。这是 CUBIC 本身的特点，无法解决，然而此时由于其他网络流的数据堆积在队列上，Vegas 会因此受到 RTT 变化的影响而作出反应，不断减小拥塞窗口大小。

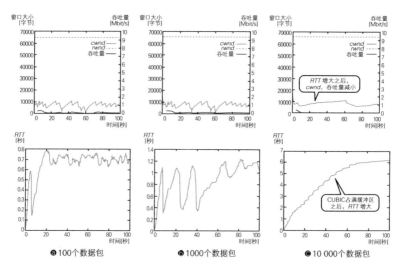

图 6.8 模拟结果（实验 13）

最终，拥塞窗口大小降低到 1 万以下，吞吐量降到接近 0 的水平。综上所述，从模拟结果可以看出，Vegas 会受到其他网络流的大幅影响，与基于丢包的拥塞控制算法尤其难以共存，实用性很差。

6.3

BBR 的机制

把控数据发送量与 RTT 之间的关系，实现最大吞吐量

BBR（Bottleneck Bandwidth and Round-trip propagation time，瓶颈带宽和往返传播时延）是近些年开发出来的基于延迟的拥塞控制算法，目前已经默认搭载在 Linux 中，并被广泛使用。毫无疑问，它已经是当前主流的拥塞控制算法之一。

BBR 的基本思路

BBR 与之前介绍的 Vegas 一样，属于基于延迟的拥塞控制算法。

谷歌在 2016 年发布 BBR[1] 之后，Linux 内核也在 4.9 版本以后开始支持它，随后 BBR 在 Google Cloud Platform 等平台上也被广泛使用，引发了很大的关注。此外，谷歌在 YouTube 等服务中也开始使用 BBR，且有报告指出，BBR 实现了较高的吞吐量，并使 RTT 减少了 50% 以上[2]。

BBR 的基本思路是，过去主流的基于丢包的拥塞控制算法以发现丢包为契机来判断发生了拥塞的做法过于迟钝，因此它将"数据包被缓存之前"，也就是"网络带宽被占满，但没有缓冲区时延"的状态作为理想状态。

然而，由于无法直接获取链路上网络设备的状态，所以 BBR 只能一直监视吞吐量和 RTT 的值，一边把控数据发送量与 RTT 之间的关系，一

---

[1] Neal Cardwell, Yuchung Cheng, C. Stephen Gunn, et al. BBR: Congestion-Based Congestion Control [C]. ACM Queue, vol.14, no.5, p.50, 2016.

[2] Neal Cardwell, Yuchung Cheng, C. Stephen Gunn, et al. BBR Congestion Control [R]. Google Networking Research Summit, 2017.

边调整数据的发送速度。BBR 通过这种方法，实现了在网络可处理范围内的最大吞吐量。

接下来，我们详细看一下 BBR 对拥塞窗口大小的控制。

BBR 的拥塞窗口大小控制机制　RTprop、BtlBw

BBR 使用 *RTprop*（Round-Trip propagation time，往返传播时延）和 *BtlBw*（Bottleneck Bandwidth，瓶颈带宽）两个指标来调节拥塞窗口大小。

RTprop 其实就是 *RTT*，它是使用 ACK 计算出来的数值。*BtlBw* 则是瓶颈链路的带宽，使用该指标，是因为就算 TCP 网络流在传输中会经过若干个链路，但决定其最终吞吐量的仍然是瓶颈链路的转发速度。

一──────通过图来理解 BBR　inflight、BtlBw、RTprop、BDP

我们通过图 6.9 来进一步加深对 BBR 的理解。在此图中，横轴是 "*inflight*"，它表示网络上正在发送的数据量；纵轴的上半部分是 "*RTT*"，下半部分则是 "数据发送量"。

如果从完全不发送数据的状态开始就缓慢增大 *inflight* 的值，那么刚开始的时候数据发送量会随之增加，但 *RTT* 不会变化。这只能说明数据包在空空如也的网络上，无须等待便会被转发出去。

接下来，当 *inflight* 的值超过一定值之后，数据发送量就不再增长。这意味着网络上某一段链路进入了拥塞状态，这段链路便是瓶颈链路，TCP 的吞吐量会受这段瓶颈链路的制约。此时，即使增大 *inflight* 的值，数据发送量也不会超过此时的 *BtlBw* 的值，但 *RTT* 却会持续增大。这说明数据包堆积在瓶颈链路的缓冲区之中，队列时延在不断增大。接着，当 *inflight* 的值过大，超过缓冲区大小时，就会发生丢包。

在上述说明中，CUBIC 等基于丢包的拥塞控制算法开始进行拥塞控制的时间点，是在 *inflight* 的值变大并超过缓冲区大小且发生了丢包时。但如果缓冲区较大，从数据发送量达到 *BtlBw* 开始直到发生丢包所花费的时间较长，那么此方法显然效率很低。在数据发送量达到 *BtlBw* 时，毫无疑问吞吐量完全不会再增长了。通俗一点来说，就算继续增大 *inflight* 的值，也完全是白费功夫。

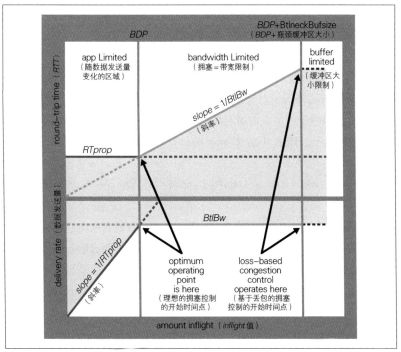

※ 出处：Neal Cardwell, Yuchung Cheng, C. Stephen Gunn, et al. BBR Congestion Control [R]. Google Networking Research Summit，2017.

图 6.9 数据发送量与吞吐量、RTT 的关系

因此，BBR 的目标便是 "$inflight = BtlBw \times RTprop$" 这一状态，其值称为 ***BDP***（Bandwidth-Delay Product，带宽时延积）。根据计算，此时的数据发送量正好达到 *BtlBw* 这一阈值。

RTprop 的估算

我们已经知道了 *inflight* 的值最好是 *BtlBw* 和 *RTprop* 的乘积，但是如何知道 *BtlBw* 和 *RTprop* 的值呢？请看接下来的具体介绍。

首先介绍 *RTprop*。TCP 在发送某个数据包之后，计算从此时开始到

收到这一数据包对应的 ACK 为止所经过的时间，这便是 *RTT* 的值。此时，时刻 *t* 的 *RTT* 的值使用公式 6.2 来表示。

$$RTT_t = RTprop_t + \eta_t \qquad （公式 6.2）$$

在此公式中，η 的值大于 0，其代表的是由队列时延等引起的噪声，也就是传播时延等固定时延以外的一些可变参数。简而言之，*RTprop* 表示的是由传播时延等组成的固定时延，只要网络拓扑等物理条件不变，这一数值就不会变。BBR 中的 *RTprop* 的估算公式如公式 6.3 所示。

$$\widehat{RTprop} = RTprop + \min\left(\eta_t\right) = \min\left(RTT_t\right) \forall t \in \left[T - W_R, T\right]（公式 6.3）$$

W_R 是时间窗口，一般设置为几十秒。公式 6.3 的含义是，取过去几十秒的时间中统计出来的 *RTT* 的值，以其中的最小值作为 *RTprop*。

此时，将时间窗口分割为过去几十秒的单位值，主要是为了与网络拓扑结构的变化等相对应。换句话说，就是将由当前传输链路上的、除了缓冲区时延以外的固定时延所组成的值作为 *RTT* 来使用。

BtlBw 的估算

接下来介绍 *BtlBw* 的估算方法。与 *RTT* 不同，TCP 中没有计算瓶颈带宽的机制，但 BBR 可以使用 *deliveryRate*（数据发送速率）估算瓶颈带宽。也就是说，BBR 预先保存数据包的发送时间和数据发送量，然后在收到 ACK 时，与 *RTT* 值结合起来计算到达数据量。接下来，计算一定时间窗口内的到达数据量，这便是 *deliveryRate*。最后，通过 *deliveryRate* 来估算 *BtlBw* 的值。*BtlBw* 的估算公式如公式 6.4 所示。

$$\widehat{BtlBw} = \max\left(deliveryRate_t\right) \forall t \in \left[T - W_B, T\right] \qquad （公式 6.4）$$

W_B 是时间窗口，通常被设置为 *RTT* 的 6 到 10 倍。设置时间窗口主要是为了能与估算 RTT 时一样，适配网络拓扑的变化情况等。但是需要注意，$RTprop$ 与 $BtlBw$ 是相互独立的。简而言之，即使传输链路变化，$RTprop$ 发生变化，但只要经过相同的瓶颈链路，$BtlBw$ 是有可能不变的。

从公式 6.4 可以看出，最近的 $deliveryRate$ 的最大值是 $BtlBw$。接下来，我们就使用估算出来的 $BtlBw$ 和 $RTprop$ 来调节数据发送量。本节介绍了估算公式和大致的流程，接下来会使用伪代码详细介绍实际的 BBR 算法。

6.4

使用伪代码学习 BBR 算法
收到 ACK 时和发送数据时

BBR 算法大致由"收到 ACK 时"和"发送数据时"两部分组成。这里，笔者将使用"BBR：Congestion-Based Congestion Control"[①]中记载的伪代码，详细介绍各个部分的处理过程。

在第 5 章中，因为 CUBIC 算法是通过三次函数近似 BIC 后，才实现了窗口大小控制，所以笔者先介绍了基础算法 BIC。这样一来，大家理解起来比较容易，所以在了解了 CUBIC 的概要之后便可以确认它的具体流程。至于具体的算法，笔者则放在了后面介绍。但是，相对来说，大家要想使用本章之前介绍过的知识来理解 BBR 的流程尚有些困难，因此下面笔者将首先介绍具体的算法，然后再通过模拟实验介绍其具体流程。

---

① Neal Cardwell, Yuchung Cheng, C. Stephen Gunn, et al. BBR: Congestion-Based Congestion Control [C]. ACM Queue，vol.14，no.5，p.50，2016.

收到 ACK 时

BBR 算法会在收到 ACK 时计算 *RTT* 和数据发送速率（deliveryRate），随后更新 *RTprop* 和 *BtlBw*。这部分逻辑的伪代码如下所示。

```
function onAck(packet)
  rtt = now - packet.sendtime
  update_min_filter(RTpropFilter, rtt)
  delivered += packet.size
  delivered_time = now
  deliveryRate = (delivered - packet.delivered) / (now - packet.delivered_time)
  if(deliveryRate > BtlBwFilter.currentMax || ! packet.app_limited)
    update_max_filter(BtlBwFilter, deliveryRate)
  if(app_limited_until > 0)
    app_limited_until -= packet.size
```

首先，计算 *RTT* 的值，使用公式 6.3 计算 *RTprop* 的值。接下来，使用 delivered 变量获取到达数据量，计算出 deliveryRate 的值。

必须注意，在 if 语句的执行块中，发送方的数据发送量是由应用程序决定的。换句话说，应用程序的实际发送速率，可能并不足以使数据填满瓶颈带宽区域的带宽。此时，BBR 会将此项约束作为"应用程序约束"（application limited）来进行处理，与链路带宽约束分开看待。

发送数据时

接下来，笔者再来介绍发送数据时的算法。BBR 会调整发送数据间隔，以便与瓶颈链路带宽适配。这部分逻辑的伪代码如下所示。

```
function send(packet)
  bdp = BtlBwFilter.currentMax * RTpropFilter.currentMin
  if(inflight >= cwnd_gain * bdp)
    // 等待ACK或者超时
    return
  if(now >= nextSendTime)
    packet = nextPacketToSend()
    if(! packet)
      app_limited_until = inflight
      return
    packet.app_limited = (app_limited_until > 0)
```

```
packet.sendtime = now
packet.delivered = delivered
packet.delivered_time = delivered_time
ship(packet)
nextSendTime = now + packet.size / (pacing_gain * BtlBwFilter.currentMax)
timerCallbackAt(send, nextSendTime)
```

首先如前所述，计算 *BtlBw* 和 *RPprop* 的估算值之积，即 *BDP*。

`cwnd_gain` 是用于调整数据发送量的参数。根据网络环境的不同可能出现 ACK 被一并返回的情况，因此如果 `inflight` 被限制到 1 *BDP*，数据发送会被暂时中止。我们使用 `cwnd_gain` 正是为了规避这一情况。根据环境的具体情况，可以将 `cwnd_gain` 设置为 2 或其他较大的值，这样的话即使 ACK 迟到，也能发送适量的数据。

在其他情况下，就只是简单地根据当前数据包的大小，安排下一个数据包的发送时间。然后，比较由 `cwnd_gain` 补正的 `bdp` 值与 `inflight` 值，如果 `inflight` 较大，就停止发送数据包。

看完以上的介绍，大家有没有觉得理解 BBR 的行为变得更容易了呢？ BBR 没有复杂的控制逻辑，只是估算 *RTprop* 和 *BtlBw* 的值，然后根据它们的值调整数据包的发送时间间隔。

6.5

BBR 的流程
模拟实验中的各种流程

前面已经介绍了 BBR 的工作原理和算法，在本节中，笔者将结合模拟实验详细介绍 BBR 的实际行为与性能。

只有 BBR 网络流时的表现

首先，我们来观察在最简单的条件下，也就是只使用一个 BBR 网络流的情况下 BBR 的表现，确认一下其具体行为。基本的模拟条件和实验

11 一致，拥塞控制算法设置为 TcpBbr。初始阶段只从发送节点 ❶ 发送数据。

此外，TcpBbr 和 TcpCubic 一样，没有包含在当前的 ns-3 官方发布版本中。但是 TcpBbr 模块已经在 Web 公开。本书发布和使用的模拟环境中已经安装了 TcpBbr。

这里将本次的模拟条件称为"实验 14"，通过以下命令来运行该实验。

```
$ ./scenario_6_14.sh
```
※保存位置: data/chapter6目录下（测试数据: 06 xx-sc14-*.data，图表: 06 xx-sc14-*.png）

模拟结果如图 6.10 所示。这里，我们主要关注 *inflight* 的值、拥塞窗口大小和 *RTT* 的值。

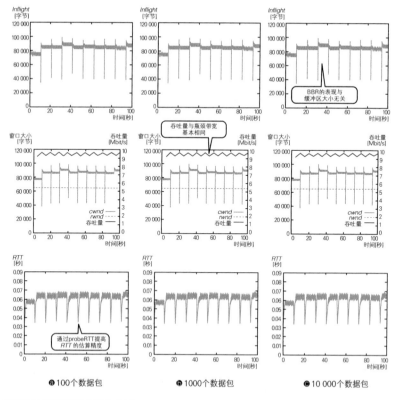

图 6.10 模拟结果（实验 14）

一————模拟运行结果　不受缓冲区大小影响，probeRTT

从结果来看，BBR 的行为完全不受缓冲区大小的影响。这主要是由于算法会调整数据发送量，以防止产生缓冲区时延。在所有条件下，吞吐量都达到了瓶颈链路带宽 10 Mbit/s 左右。此外，还可以看到，*inflight* 的值基本上就是瓶颈链路带宽 10 Mbit/s 和约 60 ms 的 *RTT* 值的乘积。最后，*inflight* 和拥塞窗口大小的值显然是相互联动的。

不仅如此，还能看到 BBR 的一些特色，比如 *inflight*、*RTT* 和拥塞窗口大小以大约 10 秒的间隔暂时下降。这种现象称为 probeRTT，它是为了确认是否发生了缓冲区时延而特意定时进行的一个动作。换句话说，即使 *RTprop* 长时间持续不变，也无法保证缓冲区时延就一定不会发生。也有可能是数据一直堆积在缓冲区中，且这一状态持续不变。

那么，如果 *RTTprop* 估算值在一定时间内不变，就将一定时间内（200 ms 左右）的 *cwnd* 的值减小，即减少数据发送量，以此来提高 *RTprop* 的估算精度。BBR 的基本思路便是将 *probeRTT* 的时间设计为总时间的 2% 左右，以此来保证吞吐量增加和 *RTT* 估算精度提升之间的平衡。

至于为何将 *probeRTT* 的时间定为 200 ms，主要是基于以下考虑：即使在不同 *RTT* 网络流混杂的环境下，*probeRTT* 的区间也会有相互重合的时间段。

当多个 BBR 网络流同时存在时

接下来，我们通过模拟来确认一下多个 BBR 网络流共享瓶颈链路时的情况。当多个网络流同时进入时，与单独的网络流不同，网络流还会受其他网络流的影响。这里的模拟条件与实验 14 基本相同，在本次模拟实验中，所有的发送节点会同时发送 BBR 网络流。

这里将本次的模拟条件称为"实验 15"，输入以下命令来运行该实验。

```
$ ./scenario_6_15.sh
```
※保存位置：data/chapter6目录下（测试数据：06 xx-sc15-*.data，图表：06 xx-sc15-*.png）

模拟结果如图 6.11 所示。这里显示的是发送节点 ❶ 发送的网络流的行为表现，其他的网络流与节点 ❶ 一样，没有任何区别。

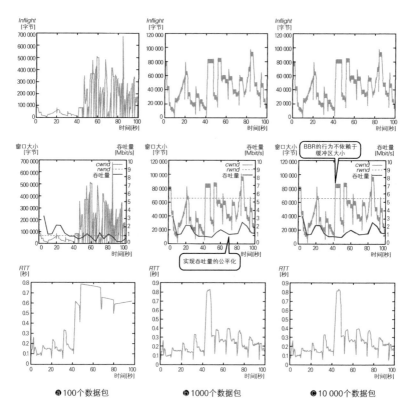

ⓐ100个数据包　　ⓑ1000个数据包　　ⓒ10 000个数据包

图 6.11 模拟结果（实验 15）

———模拟运行结果 几乎完全公平地共享吞吐量

首先，缓冲区大小分别在 1000 和 10 000 个数据包的情况下，BBR 的行为是一样的。这主要是因为缓冲区大小绰绰有余，大部分缓冲区没有被使用。但是，当缓冲区大小是 100 个数据包时，如果所有网络流的数据包都爆发性地到达，有时就会出现缓冲区溢出的情况，这一点和有 1000 或 10 000 个数据包时的情况有所不同。

此外，网络设备端并没有特意进行公平性方面的控制，但 BBR 网络流之间会公平合理地共享网络带宽，各个 BBR 网络流可以达到几乎相同的吞吐量，这可以说是 BBR 的一大特点。以 CUBIC 为首的其他拥塞控制算法，只要其拥塞窗口大小先增大，吞吐量就也会增多。而之后新加入的网络流便会被之前的网络流影响，拥塞窗口大小无法增大。

对此，BBR 设计了暂时减少数据发送量的 probeRTT 阶段，此阶段会将拥塞窗口大小暂时减小，通过重新调整来减少上述先到者的优势。在重新调整之后，各个网络流的 *RTprop* 和 *BtlBw* 估算值基本上相等，因此吞吐量更容易实现公平化。

与 CUBIC 的共存

6.2 节曾介绍了 Vegas 存在的一个问题，即当 Vegas 与基于丢包的拥塞控制算法在一起时，其吞吐量会掉到接近 0 的水平。那么如果换成 BBR，又是什么情况呢？让我们通过模拟来确认一下。这里设置一个与实验 15 类似的模拟条件，只将发送节点 ❶ 的网络流设置为 BBR，其他的网络流设置为 CUBIC，然后来观察 BBR 网络流的表现。

这里将本次的模拟条件称为 "实验 16"。打开 ns-3 的根目录，输入以下命令来运行该实验。

```
$ ./scenario_6_16.sh
```
※保存位置: data/chapter6目录下（测试数据: 06_xx-sc16-*.data，图表: 06_xx-sc16-*.png）

模拟结果如图 6.12 所示。

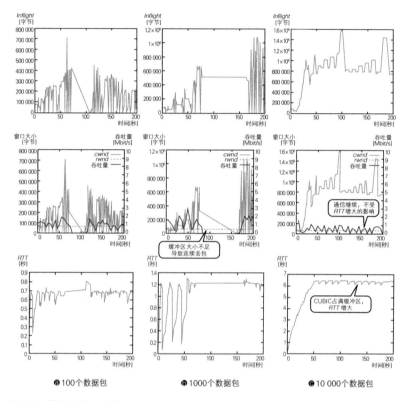

ⓐ100个数据包 ⓑ1000个数据包 ⓒ10 000个数据包

图6.12 模拟结果（实验16）

――模拟运行结果 与基于丢包的拥塞控制共存时的情况

在本次的模拟条件下，CUBIC 网络流占主要地位，这些网络流会将缓冲区占满，因此缓冲区越大，时延也就越大。其中，Vegas 会被淘汰，变得几乎无法通信；与之相对，BBR 则可以继续通信，还能达到一个近乎公平的吞吐量（网络流之间平分瓶颈链路带宽时的值）。但是，在缓冲区较小时，中间会有一段时间无法通信。究其原因，主要是受到了数据包不断被废弃的影响。

此外，在这次的模拟条件下，瓶颈链路带宽就只有 10 Mbit/s，缓冲

区时延引起的 *RTT* 增大所带来的最大吞吐量较小的问题并没有暴露出来。如果瓶颈链路带宽或者缓冲区大小中的任一项较大，且 CUBIC 等基于丢包的拥塞控制算法占主导地位，那么缓冲区时延就会增大。此时，即使使用 BBR 也无法规避吞吐量下降的问题。换句话说，为了防止缓冲区膨胀问题出现，就需要提高使用 BBR 类拥塞控制算法的网络流的比例。

长肥管道下的表现

现在，我们已经确认了低速链路中 BBR 的表现，接下来将通过模拟实验看一下 BBR 在上一章提到过的宽带、高时延环境（长肥管道）下的适应性。

这里将本次的模拟条件称为"实验 17"，模拟条件与上一章的实验 1 基本一致，拥塞控制算法设置为 BBR。打开 ns-3 的根目录，输入以下命令来运行实验 17。

```
$ ./scenario_6_17.sh
```
※保存位置：data/chapter6目录下（测试数据：06_xx-sc17-*.data，　图表：06_xx-sc17-*.png）

模拟结果如图 6.13 所示。这里显示的是拥塞窗口大小、吞吐量、*inflight* 和获取的 *RTT* 的数据。

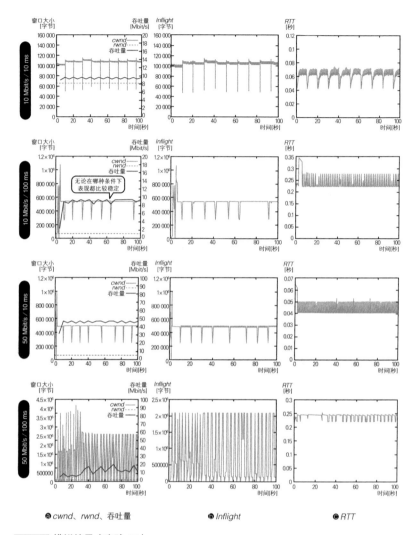

❶ cwnd、rwnd、吞吐量　　　　　❷ Inflight　　　　　❸ RTT

图 6.13 模拟结果（实验 17）

—————模拟运行结果 （大致）维持了高且稳定的吞吐量

　　从结果可以看出来，在使用 BBR 时，无论在哪一种环境下，与上一章的结果相比，都能维持一个高且稳定的吞吐量。这主要是因为 BBR 与基于丢包的拥塞控制算法不同，它不会持续增大拥塞窗口大小，因此也就不会发生丢包。

但是，在有些情况下，BBR 并不能完美地与 CUBIC 和 NewReno 共存，原因就是 BBR 并非在所有情况下都能有理想的表现。BBR 目前还是比较新的拥塞控制算法，因此今后想必也会有针对更多环境的验证和改良。此外，今后网络环境很可能进一步变化，与之相对的新拥塞控制算法也极有可能出现。持续跟上时代的脚步并学习新技术无疑十分重要。

6.6
小结

本章结合模拟实验介绍了近些年来逐渐暴露出来的缓冲区膨胀现象、过去基于丢包的拥塞控制算法受此影响出现的问题，以及新亮相的基于延迟的拥塞控制算法 BBR。这里简单地回顾和总结一下本章内容。

近些年来存储成本逐渐降低，路由器和交换机等网络设备上搭载的缓冲区存储容量不断增大。一方面，随着网络设备中缓冲区的增大，丢包就更不容易出现，换句话说，这带来了 "爆发耐性增加" 的好处；另一方面，随着缓冲区的增大，数据包堆积在缓冲区中，也使得队列时延增大。此问题最终导致的时延增大和吞吐量下降的现象便是缓冲区膨胀。

人们过去一直使用的 NewReno 和 CUBIC 等基于丢包的拥塞控制算法，由于以丢包作为拥塞的指标，所以只要不出现丢包（= 缓冲区溢出），就会一直增大拥塞窗口大小，这很容易导致缓冲区时延增大。

与之相对，基于延迟的拥塞控制算法使用 RTT 作为判断网络拥塞状态的指标。换句话说，一旦 RTT 增大，就认为原因是链路上的队列时延增大，于是当 RTT 较小时就增大拥塞窗口大小，而当 RTT 较大时就减小拥塞窗口大小。这其中最为典型的算法就是 Vegas 拥塞控制算法。

然而，以 Vegas 为首的基于延迟的拥塞控制算法积极性不强，当其与基于丢包的拥塞控制算法共存时很容易被淘汰。为了解决上面的问题，谷歌于 2016 年 9 月又发布了名为 BBR 的基于延迟的拥塞控制算法。目前

BBR 的使用非常广泛，Linux 中已默认支持它。

BBR 认为过去的基于丢包的拥塞控制算法以丢包为契机检测拥塞，这种做法过于迟钝，因此它致力于维持"数据包即将堆积在缓冲区中但还没开始堆积"的临界状态，此时既能充分利用网络带宽，又没有缓冲区时延。为了达到这种理想状态，BBR 监测数据发送量和 *RTT* 的值，把控两者之间的关系，同时调节数据发送速度，以在网络最大可处理的范围内提高吞吐量。

不仅如此，从本章的模拟结果可以看出，BBR 可以作为大部分情况下的拥塞控制算法。不过，BBR 目前仍然是比较新的拥塞控制算法，因此可以想象，它今后一定会面临很多挑战，也会迎来很多改进。此外，如目前看到的一样，今后随着技术的进步，网络环境一定会继续变化，想必也会有新的问题浮出水面。换句话说，倘若今后网络环境继续发生变化，一定会有与新变化对应的新技术出现。

因此，下一章将介绍近些年来出现的，以及将来可能会出现的以 TCP 为中心的技术及社会环境，探讨随之而来的各类问题。此外，下一章还会介绍 TCP 相关的研究动向。

参考资料

- Steven Low, Larry Peterson, Limin Wang. Understanding TCP Vegas: Theory and Practice [R]. Prinston University Technical Reports, TR-616-00, 2000.
- Neal Cardwell, Yuchung Cheng, C. Stephen Gunn, et al. BBR: Congestion-Based Congestion Control [C]. ACM Queue, vol.14, no.5, p.50, 2016.
- Neal Cardwell, Yuchung Cheng, C. Stephen Gunn, et al. BBR Congestion Control [R]. Google Networking Research Summit, 2017.

第 **7** 章

TCP 前沿的研究动向

应用程序和通信环境一旦变化，
TCP也会变化

如前文所述，随着互联网的普及、应用程序和
通信环境的变化，TCP 自身也不断地发展变化。其
中，较为明显的例子便是针对宽带、高时延环境和缓
冲区膨胀问题，人们开发了新的拥塞控制算法等。

近些年来，通信速度不断提升，应用程序逐步
多样化。通信网络作为社会基础设施，其重要性不
断增加。今后，这个趋势想必也会一直持续下去。
总的来说，TCP 今后也一定会随着相关技术和使用
环境的变化而不断地发展。

因此，本章将详细介绍近些年来乃至未来的 TCP
领域中较为重要的具体技术，例如 5G（第 5 代移动
通信）、物联网、数据中心和自动驾驶等。同时，本
章还会涉及这些技术相应的技术背景和社会背景，以
及它们带来的一些问题和 TCP 前沿的研究动向。

7.1

TCP 周边环境的变化

3 个视角：通信方式、通信设备和连接目标

近些年来，通信速度不断提升，应用程序逐步走向多样化。与之同时，TCP 的使用环境也出现了各种变化。下面，笔者将带领大家从通信方式、通信设备和连接目标 3 个视角出发，概览 TCP 周边环境的变化情况。

TCP 迄今为止的发展情况　回顾本章之前的内容

正如笔者前面一再说明的那样，TCP 自身会随着通信环境和应用程序的变化而不断发展。

举例来说，如第 5 章所述，随着网络的高速化和云服务的普及，名为长肥管道的宽带、高时延环境走向普及，过去作为标准使用的 Reno 和 NewReno 拥塞控制算法中的扩展性弱，以及 *RTT* 不同的网络流之间的吞吐量不公平等问题浮出水面。为了解决这些问题，新的拥塞控制算法 CUBIC 被开发出来并投入使用。

此外，如第 6 章所述，由于存储成本下降、通信速度提高，网络设备中配备的缓冲区存储容量增大，基于丢包的拥塞控制算法暴露出新的问题，即缓冲区时延增大导致吞吐量下降。针对这一情况，BBR 算法被提了出来。它是一种以 *RTT* 为指标的新的基于延迟的拥塞控制算法，目前已经成为主流的拥塞控制算法之一。

其他具有代表性的例子还有 3G 移动通信中使用的应用程序专用型协议 W-TCP。这一协议是专门为无线数据通信而设计的，其优点是能解决"容易因拥塞以外的原因而丢包"的问题（详见 1.6 节）。

笔者在前面已经多次提过了，这里再提一下：目前介绍过的这么多种技术和算法，都有其各自的特点，与这些特点相匹配的环境也各不相同。换句话说，这意味着并不存在什么最佳算法，最重要的是需要结合实际的使用环境，选择最合适的技术和算法。

这还意味着，今后 TCP 的使用环境还会继续变化，而与之相应的新算法也必定会出现，技术上一定会有新的发展。

观察通信环境变化的 3 个视角　通信方式、通信设备、连接目标

近些年来，通信速度不断提升，应用程序走向多样化，通信网络作为社会基础设施，其重要性日益增长。而且，这一趋势今后想必也会持续下去。那么，在我们讨论使用 TCP 的通信环境的变化时，虽然只是"通信环境变化"，但也可以从若干个视角出发。这里，笔者就来整理一下，针对 TCP 相关的通信环境，从通信方式、通信设备和连接目标 3 个视角来详细解说（图 7.1）。

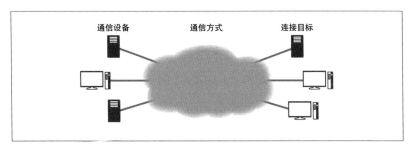

图 7.1 通信环境变化的视角

首先，"通信方式"指的是有线和无线等通信介质，以及移动通信中的 3G 和 4G 的链路种类。无线与有线相比更容易出现比特差错，不同代的移动通信，其通信速度和时延都大有不同。由于这些不同特性，不同通信方式对 TCP 的特性要求也有所不同。

其次，"通信设备"指的是智能手机、PC 等用户端的设备。由于不同设备的处理速度和存储容量等性能有所不同，所以可处理的计算量也有所不同，因此与之匹配的通信方式也显然有所不同。

最后，"连接目标"指的是用户设备通过 TCP 连接到的目标设备。用户设备和连接目标设备之间不同的物理位置关系，会使传播时延发生很大的变化。

接下来，笔者将从上面 3 个视角出发，结合对 TCP 今后发展的思考来介绍一下近些年来的 TCP 发展动向。

通信方式的变化　　以太网、移动网络和 LPWA

无论是有线还是无线的通信介质，通信速度都在不断地提高。

以一个具体的例子——**以太网**来看的话，如图 7.2 所示，通信速度从 20 世纪 80 年代的 10 Mbit/s 开始不断提高，在 20 世纪 90 年代，从 100 Mbit/s 提高到 1 Gbit/s，到了 21 世纪 00 年代达到 10 Gbit/s，随后在 21 世纪 10 年代，人们制定出了超越了 100 Gbit/s 的标准。与网络标准相对应的产品的普及和其价格的下降通常需要花费数年的时间，然而在 2019 年，400 Gbit/s 以太网（400 GbE）的标准化就已经完成，相应的产品也已经由思科系统公司发售。可以预见的是，今后高速化的趋势还会继续下去，800 Gbit/s 甚至兆兆位（terabit）的以太网想必早晚会出现。

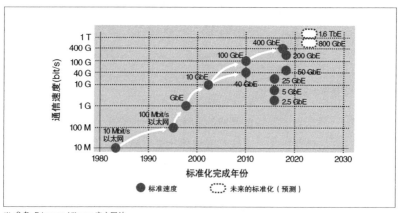

※ 参考：Ethernet Alliance 官方网站

图 7.2 以太网标准化的趋势与速度

移动通信系统，也就是**移动网络**方面的情况如图 7.3 所示。20 世纪 80 年代的 1G（第 1 代）的通信速度只有几十 Kbit/s，此时是车载电话和肩背电话[①]的时代。进入 2G 时代，通信方式变成了分组交换，此时电子邮件和互联网开始得到使用。到了 3G 时代，通信速度进一步提升：在 2010 年左右，3.9G 技术 LTE 开始普及，通信速度上升到几十 Mbit/s，视频服务开始走向千家万户。到了 2019 年，4G 技术 LTE Adavanced 开始普及，通信速度提升到 1 Gbit/s 左右。

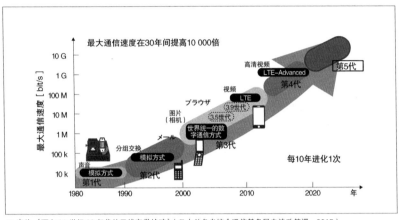

※ 出处：《面向 21 世纪 20 年代的无线宽带战略》（日本总务省综合通信基盘局电波政策课，2015 ）

图 7.3 1G（第 1 代）~ 5G（第 5 代）移动通信系统的进化

接下来，2018 年 5G 标准面世，各个运营商都已经开始准备提供服务，今后想必 5G 也会在全世界范围内流行开来。5G 的特点，一般来说主要体现在以下 3 个方面：大容量、低时延高可靠性和多设备。5G 的通信速度在理论上可以达到 20 Gbit/s，与 4G 相比有 10 倍以上的提升。在时延方面，5G 的要求是无线区间内的通信时延达到 LTE 的 1/5 左右，即不高于 1 ms，而端对端的时延则要求不高于几十 ms。

与此同时，第 2 章简单介绍过的名为 LPWA 的无线通信协议也引起了关注。LPWA 并非是统一的定义，而是低功耗长距离数据通信方式的总称。通信距离一般覆盖几百米到几千米，具有代表性的规格标准有 LoRaWAN、SIGFOX、NB-IoT 等。无论是哪种规格标准，都会控制通信速度以减少耗

---

① 20 世纪 80 年代日本发售的一款电话，是挂在肩上的可移动电话，重量约 2.6 kg。

　　　　　　　　　　　　　　　　　　　　　　　　　　　　　　——译者注

电量，其特点便是维持几十 Kbit/s 的低速间歇性通信。在"大范围部署传感器的网络"这种物联网相关服务中，LPWA 的应用值得期待，今后它想必一定会在更大范围得到应用。

　　考虑到上述情况，TCP 今后需要有针对这些新通信方式的技术更新。

通信设备的多样化　　不仅仅是高性能化，还有"受限环境下的通信"这一视角

　　提到进行通信的主体设备，过去 PC、**服务器**，还有**移动电话**、**智能手机**等设备才是主流，但是近些年来随着各种各样的**传感器**、**智能设备**的出现，设备变得更加多样化。智能设备并没有明确的定义，通常是指能接入互联网的便携型多功能设备。除了智能手机和平板设备以外，具有代表性的例子还有手表形式的智能腕表（图 7.4）。

图 7.4 智能手表的示意图

　　特别是，近些年来物联网技术快速普及。与传统的智能手机等设备需要用户自己操作不同，物联网将家电、传感器等设备接入互联网，使得用户可以通过网络对其进行控制。

　　我们通过图 7.5 可以看出，在今后的互联网上，物联网相关的流量一定会呈增加的趋势。此外，设备间（双方都不接入互联网而是直接）通信的技术称为 **M2M**（Machine-to-Machine）。虽然严格来说，它与物联网不是同一个概念，但有些人会将二者的概念混淆。迄今为止，通信设备的性能（具体指处理速度和存储容量）一直呈现增长的趋势。今后，智能手机、

PC 等设备的性能想必也会不断提升。

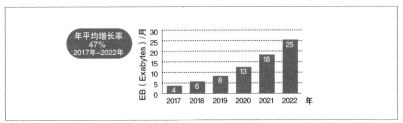

※ 出处：Cisco Systems, Inc., . Cisco Visual Networking Index: Forecast and Trends 2017—2022 [R/OL]. 2018.

图7.5 物联网相关流量的变化

　　不过，物联网所用的传感器等设备在通常情况下处理性能较低，在有些环境下还会出现互联网连接不稳定的情况，或者有时候会使用前面介绍的 LPWA 之类的低速网络。

　　此外，如同 5G 文档描述的一样，新标准下会有很多设备存在，这些设备会各自接入互联网。另外，设备安装之后其更新和更换都比较困难，充电或更换电池也比较困难，因此大部分情况下设备在耗电量上十分受限。

　　也就是说，随着通信设备的多样化，以后设备高性能化不再是唯一的追求目标，"受限环境下的通信"这一视角也变得重要起来。例如，那些复杂的、适合高处理性能设备的拥塞控制算法，显然无法运行在处理性能很低的设备上；又或者，适合高可靠性、高速网络的拥塞控制算法，想必无法适用于那些只能连接低速且不稳定的网络的设备。

连接目标的变化　云计算、边缘计算

　　从 21 世纪 00 年代后半期开始，通过互联网提供计算性能的**云计算**变得非常普及。其中，具有代表性的例子便是由谷歌提供的 Gmail 和谷歌云盘服务。这些服务支持用户通过互联网浏览或者更新保存在这些数据中心的电子邮件与电子文件。

　　云服务是由企业机构设置大规模的数据中心，在其中集中安装大量服务器和存储等设备，并进行集中管理的服务。对用户来说，云服务的优势是只要使用手机等设备，便可以通过互联网轻松访问数据中心的服务器等设备，然后使用其中搭建的服务。

但与此同时，人们也注意到了一个情况，即用户和数据中心之间的距离有时会成为问题。换句话说，由于服务器和存储集中配置在超大型的数据中心，用户端设备和数据中心之间通信时的传播时延 [①] 是无法忽略的。光纤内部光信号的传输，通常 1 km 需要 5 μs 左右。也就是说，信号往返100 km 的距离，光是传播时延就要花费 1 ms。

如果使用场景是日常的 Web 网站浏览，这点程度的时延完全算不上问题。然而，近些年来，诸如 ITS（Intelligent Transport Systems，智能交通系统）中的事故规避等云服务，就对**低时延性**的要求十分苛刻，因此传播时延在这些服务中变成了问题。

在这个背景下，在以往的云计算之外，又出现了**边缘计算**（edge computing）的概念（图 7.6）。边缘计算通过将服务器和存储分布式部署，使得数据处理可以在用户端设备附近（**网络边缘**）完成。

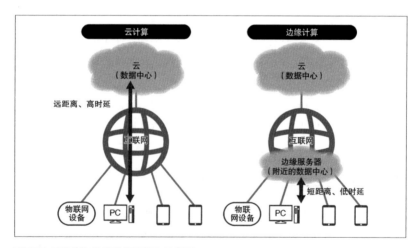

图 7.6 云计算和边缘计算的概念示意图

---

① 第 5 章和第 6 章介绍的端到端时延的构成要素。

此概念在 5G 标准中也存在对应的标准 MEC（Multi-access Edge Computing，多接入边缘计算）。与云计算不同，边缘计算由于从用户设备到连接目标的位置在地理距离上比较近，所以信号的传播时延很小，毫无疑问这非常适合对低时延性有要求的应用程序。与此同时，在边缘位置进行数据处理，显然会减少互联网的数据流量。总的来说，今后除了云服务器，边缘服务器也会经常被用作通信连接目标。

小结

本章后面的内容，将基于本节所介绍的背景知识，对以下 4 个在近年和今后都与 TCP 有关的重要事项进行详细介绍。

- 5G
- 物联网
- 数据中心
- 自动驾驶

下面，笔者将分别介绍这些内容的技术背景和社会背景，以及产生的相应问题，还有与之相关的 TCP 前沿的研究动向。

7.2
5G（第 5 代移动通信）
移动通信的大容量化、多设备支持、高可靠性与低时延

5G 标准化文档在 2017 年 5 月完成了初版的制定，与之相对的针对 5G 实用化的进程也在如火如荼地展开。TCP 在这个过程中究竟承担着什么样的角色？本节将总览 5G 相关的动向，并介绍其中正在研究的 TCP 相关的技术及其可能性。

[背景] 5G 的应用场景与走向实用的规划

移动通信系统经过大约 10 年的时间完成了进化。有关 5G 的讨论是在 LTE 开始服务的 2010 年左右开始的。在这之前，为了实现更加高速的网络通信，使人们可以通过移动设备享受更大容量的媒体内容，各种各样的技术被研究和开发了出来。如今，智能手机等移动设备进一步高性能化，同时 LTE-Adavance 标准也支持了 1 Gbit/s 的传输速度，人们通过流媒体享受视频和音乐变得毫不费力。

于是，业内出现了如下的讨论内容：今后应该如何发展移动通信？是否会有新的应用出现？最终结果，就是定义了如下 3 个应用场景的发展方向（图 7.7）。

- eMBB（enhanced Mobile Broadband）：移动通信的大容量化
- mMTC（massive Machine Type Communications）：多设备支持
- URLLC（Ultra Reliability and Low Latency Communications）：高可靠性与低时延

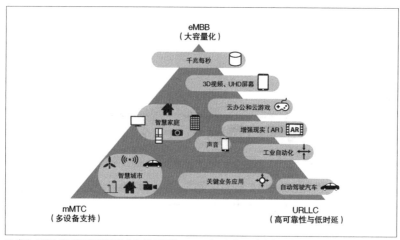

※ 出处：国际电联无线电通信部门的文章《IMT 愿景——2020 年及之后 IMT 未来发展的框架和总体目标》（2015 年 9 月）

图 7.7 5G 的适用场景

eMBB 是应用程序在大容量追求方面期望进一步提升的一个方向。例如，实现 8K（8K resolution）视频传输等现在的设备无法实现的功能。

mMTC 则是在物联网通信设备爆发性发展的情况下，期望能更好地支持大量设备，并为智能社会提供帮助的一个方向。

URLLC 则是与 ITS、自动驾驶和重型设备远程操作等涉及关键任务系统新应用场景的开发相关的一个方向。为了实现以上这些方向上的发展，业内制定了一些远超现在移动通信系统性能的高目标。例如，10 倍的用户体验速度、100 倍的区域通信能力、10 倍的连接密度、不高于 1 ms 的传播时延，以及对时速 500 km 的移动设备的支持（图 7.8）。这并非意味着要同时满足所有的要求，而是将个别的要求组合起来，只要能通过特殊模式实现这些要求的组合即可。

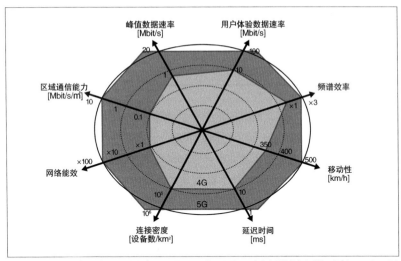

※ 出处：国际电联无线电通信部门的文章《IMT 愿景—2020 年及之后 IMT 未来发展的框架和总体目标》（2015 年 9 月）

图 7.8 5G 的需求条件

　　基于设定的这些目标，业内开始了面向具体标准化的讨论和技术研讨。其成果便是 2017 年 12 月制定的初版标准文档"5G New Radio"（简称为 5G NR）。此时的 5G NR 主要是对当时的 LTE 参数进行扩展，与此同时以未来将分配到新频段为前提，通过重定义无线数据帧等方法实现高速化和低时延等目标。今后想必一定会有更加先进的技术被投入实用。

　　与之同时，研究人员于 2015 年左右通过试制作设备开始了现场试验（field trial），以验证是否能满足各种各样的需求条件。在此情况下，为在 2020 年左右（部分提前到了 2019 年）实现 5G 服务的组建（阶段 1），业界全体正全方位发力于 5G 实用化的开发（图 7.9）。

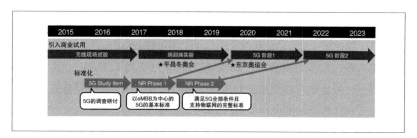

图 7.9 5G 标准化和普及的计划

[问题] 如何应对严苛的需求条件

　　上文已经介绍了 5G 提出的若干个严苛条件。关于不高于 1 ms 的时延，虽然要看其是定义于哪个链路区间的，但是考虑到无线通信所特有的传输链路的变化，以及干扰或噪声引起的数据错误，这一条件可以说是极其严苛的。例如，在 3G 时代，针对无线通信的特点，人们专门开发了 W-TCP（详见 1.6 节）。这是因为要满足一系列条件，就必须要有最低限度的质量保证和传输效率的改善。

　　5G 在 3 个方向上给出了极为严苛的需求条件，因此可以想象到，这同样需要 TCP 也能以特殊的形式更好地支持应用程序和使用场景。eMBB 方向预计将使用毫米波（详见后文）这种高频率的通信技术，想必其无线通信的特性会有很大变化。至于 mMTC 方向，则会由许多的物联网终端设备产生无线通信流量。此外，物联网设备在性能上都受限。URLLC 方向的应用之一便是自动驾驶。而自动驾驶显然对低时延和可靠性都有很高的要求。

[TCP 相关动向 ❶] 毫米波段的处理　新频带资源的开发

要实现大容量化，最具实现性的方法就是扩大通信所使用的频率带宽。然而，至今所使用的**几百兆赫（MHz）到几千兆赫（GHz，也称吉赫）的微波频带**已经没有空余可用，想要继续扩展频带显然不现实。微波频带由于其电波性质，即使基站与用户设备之间互相不可视，其电波也可以很容易地通过建筑物的反射和往返，完成通信，可以说它是非常好用的频段。正因如此，移动通信系统、无线 LAN 等大多数的无线通信系统使用微波频带提供通信服务，所以才会导致微波频带没有空余资源可用。

于是，5G 标准要讨论的便是开发新的频带资源。一方面，**毫米波**[①]这一高频率的频带，尚未开发的部分还比较多，资源还很富余。另一方面，与微波频带不同，毫米波的衰减较强，且通信距离很短，因此并不适合移动通信。要想延长通信距离，就必须收束电波的发送范围，使用指向性高的天线，但这样就无法利用反射电波，假如收发双方互相不可见，就很难相互通信。不仅如此，当设备移动时，其电量功耗等级的变化也比较剧烈，从通信的稳定性来看也存在问题。

图 7.10 展示的是**微波频带（2 GHz）和毫米频带（60 GHz）**在频率不同的情况下，功耗等级的变化情况。接收设备模拟的是朝着远离发送站的方向以一定的速度移动的情形。只将频率从 2 GHz 提升到 60 GHz，接收功率就会大幅下降。

这里用 f_c 表示载波频率，用 $c\,(\approx 3 \times 10^8)$ 表示光速，用 d 表示收发双方距离，那么衰减随电波距离变化的公式如下所示。从公式可以看出，衰减量随着频率的平方而大幅增大。

$$\mathrm{Loss} = \left(\frac{c}{2\pi f_c d} \right)^2$$

[①]　在国际电信联盟（International Telecommunication Union, ITU）的分类中被称成极高频（Extremely Highly Frequency, EHF），指的是 30 GHz 到 300 GHz 频率的电波，根据这一定义，前面介绍的微波频带也包含极高频，但是人们通常把 3 GHz 到 30 GHz 的超高频（Super High Frequency, SHF）称为微波。

此外，频率与波长 λ 有以下关系，

$$f_c = \frac{c}{\lambda}$$

即，频率越高波长越短，因此在同样的范围内移动时，频率越高的设备更容易受到接收功耗等级变化的影响。虽然通过调整无线信号的时间长度等参数可以一定程度缓解这个影响，但对有些应用程序来说，可能还是需要全面性的适配与优化。例如，可以考虑像 1.3 节介绍的 QUIC 那样，设计传输层以上的协议。

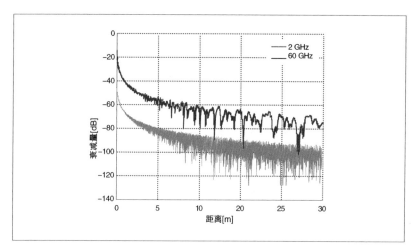

图 7.10 频率不同导致的接收功率的变化

[TCP 相关动向 ❷] 多路径 TCP　通过一个 TCP 连接使用多条链路

多路径 TCP（multipath TCP，MPTCP）是指经过扩展之后，可以通过一个 TCP 连接使用多条链路的技术。此标准定义在 RFC 6824 中。

该技术具体来说，就是先建立多个名为 subflow 的 TCP 连接，并将这些连接在更高层次统一用一个 TCP 连接管理起来，拥塞控制则以 subflow

为单位进行。例如，一个通信终端支持 LTE 和无线 LAN，此时会将这两条链路以 subflow 的形式管理，使用 TCP 来进行通信。

同样的，1.6 节介绍的 SCTP 也是一种使用多条链路的 TCP。与多路径 TCP 不同的是，SCTP 是新定义的算法，因此应用程序需要针对此协议进行一些修改。而多路径 TCP 只是将多个连接在逻辑上虚拟成一个单一的 TCP 连接进行管理，因此应用程序只要将其当作以往的 TCP 进行处理就可以了。

图 7.11 展示的是一个使用了 LTE 和无线 LAN 这两种无线通信方式的多路径 TCP 的例子。最近，配备多个以太网接口的 PC 在增多，而同时拥有移动网络和无线 LAN 等多个通信接口的移动设备也在增多。通过同时使用多条连接，不仅可以增加通信带宽，而且可以在部分链路连接速度降低或者连接断开时继续通信。因此，对于依赖于环境的无线通信，可以说多路径 TCP 的作用十分巨大。

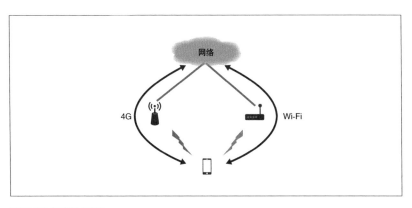

图 7.11 多路径 TCP

5G 并非是要完全替代 4G，现阶段其设计的方向是活用双方的特点，让双方能够共存。因此，标准定义了能让两者共存的网络形态。这称为双连接（Dual Connectivity，DC）（图 7.12）。像这样同时使用 4G 与 5G 网络的多路径 TCP 的实用性也在近年的研究中被证实。

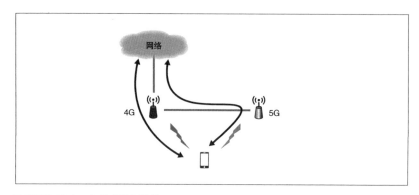

图7.12 4G 与 5G 构成的双连接

[TCP 相关动向 ❸] 高清流媒体

如上所述，4K、8K 大容量视频的数据传输也是 5G 的一种应用。同时，5G 在投入使用后，想必也会像刚才说的那样，与 4G 的网络一起并行运作。在这种应用场景下，必须采用同时符合 4G 和 5G 的网络容量（传输速度）的数据量进行数据传输。如果是视频，那么由于可以通过编码方法控制画质，所以只要能识别网络的通信方式就没有问题。

在通常情况下，实时视频传输会使用 UDP 协议，然而在传输高清视频时，如果随心所欲地发送大量数据，想必一定会引发拥塞。因此，TFRC（TCP Friendly Rate Control protocol，TCP 友好速率控制协议）这种考虑了与 TCP 的公平性，在 UDP 中增加了拥塞控制功能的协议逐渐被广泛使用。此协议规定在 RFC 3448 中，其基本思路与 TCP 类似，在数据传输开始时使用慢启动，之后在拥塞状态下使用 *RTT* 等控制数据传输量。

然而，在支持大容量通信的 4G、5G 网络中进行实时传输时，缓慢增大窗口大小的协议恐怕会成为瓶颈，这一点令人不安。最近有一项研究，其内容是通过某种外部信息判断出当前网络的通信方式（是 4G 还是 5G 等），然后根据网络容量主动控制数据的传输量，以此最大限度地利用通信资源，实现流畅的流媒体传输。

7.3

物联网

通过互联网控制各种各样的设备

近些年来，通过互联网控制各种各样设备的**物联网**服务逐渐流行开来。本节将介绍物联网的概要、其在通信视角下的问题，以及对应的 TCP 相关动向。

[背景] 多样的设备和通信方式

物联网的总体结构如图 7.13 所示。各种各样的设备接入互联网，并与云服务等服务器相连接。物联网的设备多种多样，其中有直接接入互联网的，也有通过网关接入互联网的。

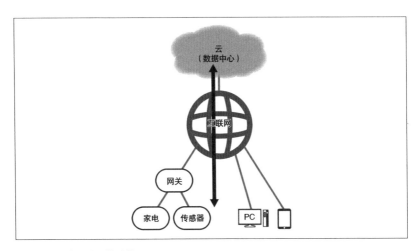

图 7.13 物联网的总体结构

设备收集到的数据将被发送给服务器，在服务器进行数据处理。处理完的数据有时会发送到外部设备，由设备使用，有时则由服务器根据处理结果直接控制设备。

━━━━ 传感器设备的示例

举例来说，人们常见的一种物联网服务就是大楼里面放置的温度传感器会将收集到的温度数据发送给服务器，然后当室内温度超过一定值时，服务器就会打开空调。通过物联网，今后会有各种各样前所未有的服务出现，非常值得期待。

前文"物联网设备"的说法比较笼统，其实它包括了各种各样的设备。其中具有代表性的便是传感器（图 7.14）。传感器通常是这样一种设备：收集特定的数据信息，并将其转换为电信号供人或设备识别。

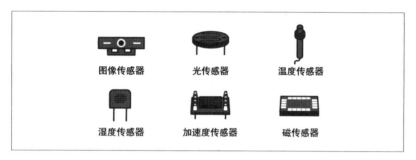

图 7.14 各种各样的传感器

具体来说，传感器中有诸如光传感器（可见光、红外线灯等）、加速度传感器、温度传感器和磁传感器等各种各样的类型，它们能测量的数据各不相同。传感器的构造各有不同，但通常都是将传感器部分与通信模块相连，为其添加通信功能。

━━━━ 物联网的连接数量和通信方式

根据对物联网连接数量变化的预测（图 7.15），物联网设备数量以 20% 左右的年增长率在逐年增加。其中家电、安全等智能手机相关的设备占半数左右，除此以外，互联汽车、智慧城市相关的各领域设备根据预测也会增加。简而言之，物联网的特点便是，大量的设备在各种各样的环境下接入互联网中。

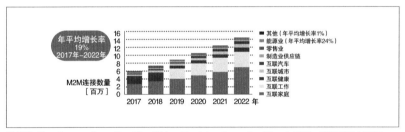

※ 出处: Cisco Systems, Inc., . Cisco Visual Networking Index: Forecast and Trends 2017—2022 [R/OL]. 2018.

图 7.15 物联网连接数量的变化

物联网的通信方式基本上是**无线通信**。其中具有代表性的通信方式是 LoRaWAN、SIGFOX、NB-IoT 等 LPWA 无线通信协议群。这些协议主要分为许可类（NB-IoT 等）和无许可类（LoRaWAN、SIGFOX 等），前者在使用时需要许可，而后者不需要。LPWA 是用于进行低耗电量、长距离数据通信的通信方式，其目标是实现几百米到几千米距离下的通信（图 7.16 ）。其特点是，为了减少耗电量而控制通信速度，进行几十 Kbit/s 左右的低速间断性通信。LPWA 特意为上行和下行分别设置了发送字节数和发送次数的限制。此外，5G 标准中有多设备连接的相关内容，今后想必也会有物联网设备接入 5G 网络。

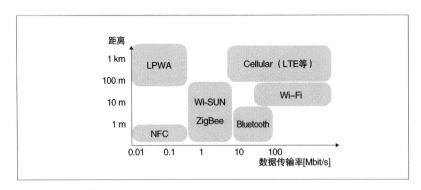

图 7.16 LPWA 的定位

[问题] 处理能力和通信环境上的制约

协议、设备多样性、低速、各种限制……

接下来将从"通信"的视角出发，介绍一下物联网的问题和限制。首先，HTTP 和 MQTT（Message Queuing Telemetry Transport，消息队列遥测传输，图 7.17）是面向物联网的通信协议[①]。

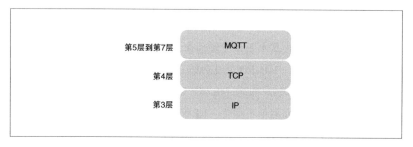

第5层到第7层　MQTT

第4层　TCP

第3层　IP

图 7.17 使用 MQTT 时的协议层的构成

HTTP 是在进行 Web 浏览时常用的协议（详见 1.1 节）。MQTT 是工作在 TCP/IP 上层的协议，与 HTTP 等协议相比比较轻量，而且也有可以减少数据量和耗电量的优点。此外，MQTT 不仅适配一对多的通信，也支持异步通信，因此即使客户端没有收到服务器端的应答，也能进行接下来的处理。如上所述，MQTT 拥有多个非常适合物联网设备的特性。

接下来，前文已经介绍了物联网设备的多样性，但其实其中的大多数是处理能力较低的设备。特别是传感器等设备大多比较重视低功耗，而且正因为是传感器，所以其中大部分不具有计算能力。虽然 MQTT 比较轻量，但是由于 TCP 本身是个很复杂的协议，所以要让此类设备使用 TCP 工作，显然处理负担过重。尤其是考虑到安全问题，通常会在 TCP 的基础上使用 TLS（Transport Layer Security，传输层安全协议），但这就对设备的处理能力提出了更严格的要求。

那么，从通信环境的视角来看，又是何种情况呢？在使用 SIGFOX 等

[①]　在主要的物联网平台中，AWS IoT 和 Asure IoT Suite 也支持 HTTP 和 MQTT。

LPWA 算法时，通信有时会特意像第 251 页介绍的那样保持低速，同时还会限制收发数据量和次数。此外，设备如果设置在障碍物较多的房间，则可能出现通信不稳定的情况。

如果在这样的环境下进行通信，就会出现丢包增多、吞吐量下降和时延增大的问题。在这种环境下就可以很容易理解，近些年来开发的适合宽带环境的拥塞控制算法（CUBIC 等）为何完全不合适。

此外，LPWA 的下行流量相比于上行被限制得更多，有时会难收到 ACK，甚至有时要进行 TCP 的 3 次握手都很困难。

此外，还有报告指出，相比于 UDP 首部只有 8 个字节，TCP 首部有 20 个字节，这中间相差的 12 个字节所导致的首部开销过大，以及过去的 *RTO* 计算方法都不适用于物联网。

[TCP 相关动向] 适配物联网   在受限较大的通信中究竟能做些什么

物联网中为活用 TCP 而采取的代表性的手段便是 IETF 的《轻量级实施指南》（Light-Weight Implementaion Guidance，LWIG）之中的《物联网中的 TCP 使用指南》（TCP Usage Guidance in the Internet of Things），该 TCP 技术使用指南目前正在研究和制定中。

举例来说，其中的技术包括将 *MSS* 设置为 1280 字节以下，和推荐使用 ECN 特性等。ECN 是链路上的路由器等设备显式地将拥塞发生这一事件传递出去的功能，其使用 TCP 首部中的 CE 位。ECN 的优点是可以更早地检测到拥塞发生，减少数据发送量。

此外，其中也提到了另外一个针对 3 次握手延迟问题的解决方案，那就是将 TCP 会话维持更长时间。如果无法维持 TCP 会话，那么也推荐使用 RFC 7413 中记述的 TFO（TCP Fast Open，TCP 快速开放）技术。TFO 技术由于同时发送 SYN 和数据，所以会话建立的流程更少。

关于面向物联网的 *RTO* 算法，有意见称 IETF 的 CoRE（Constrained RESTful Environments，受限 RESTful 环境）工作组正在制定的 CoCoA（CoAP Congestion Control/Advanced，CoAP 拥塞控制 / 进阶）机制比较

合适①。

此外，虽然也有人提出了使用 **TCP 首部压缩**来减少数据量的方法，但由于目前并没有针对物联网的标准算法，所以此方案被搁置，有待后续讨论。

针对物联网设备之间的通信方式受限较大的问题，全世界目前有许多专门的研究和讨论。此外，多种多样的物联网设备和服务，还正处于推广时期，今后想必一定会有新的问题出现，也会有针对这些问题的新的解决方案出现。

针对物联网，也有人在考虑是否可以使用 NIDD（Non-IP Data Delievery，非 IP 数据传输）等 TCP/IP 以外的协议。需要注意的是，无论是哪一种协议，都有其适合或者不适合的环境。换句话说就是各有利弊，因此最重要的是在充分了解各个协议特点的基础之上，根据实际情况来选择合适的协议。

7.4

数据中心
大规模化与各种需求条件并存

数据中心内部网络的高效化是很重要的课题，但其中存在各种各样的需求条件。本节将介绍数据中心内部的网络问题和 TCP 相关的动向。

[背景] 云服务的普及和数据中心的大规模化

从 21 世纪 00 年代后半期开始，云计算提供的服务开使普及，云服务进入了许多普通用户的日常生活之中，其种类简直数不胜数，比如电子邮件、数据存储、群组服务和主机托管等。

在使用这些服务时，用户通过互联网使用由服务商提供的计算资源。

---

① Carles Gomez, Andrés Arcia-Moret, Jon Crowcroft. TCP in the Internet of Things: From Ostracism to Prominence [J].IEEE Internet Computing，vol.22，no.1，pp.29-41，2018.

对于用户来说，云计算最大的优势便是使用手边的 PC 和智能手机等设备，就可以很简单地使用各种各样的服务。

为了能够更加高效、稳定地提供此类服务，服务商建造了大规模的数据中心，并在其中集中安装服务器和存储等设备（图 7.18）。

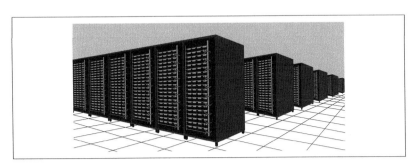

图 7.18 大规模数据中心的示意图

——数据中心内部的网络结构

数据中心内部典型的网络结构如图 7.19 所示。这种网络结构分层次设置了交换机，以便更有效地连接大量的服务器，所以需要大量的交换机设备。

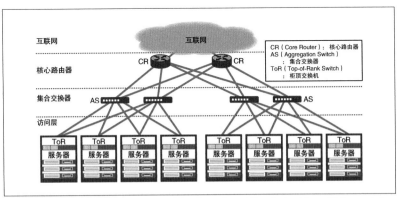

※ 出处: Md. F. Bari, R. Boutaba, R Esteves, et al. Data Center Network Virtualization: A Survey [J]. Communications Surveys & Tutorials, IEEE, vol. 15, no.2, pp. 909–928, 2013.

图 7.19 数据中心内部典型的网络结构

针对此类的网络结构，许多面向数据中心的路由协议被开发出来。这些协议主要以提高负载均衡能力和数据冗余能力为目标。由于本书的主题并非将这些协议网罗来并一一介绍，所以这里主要将重点放在给数据中心内部拥塞发生和拥塞控制带来影响的关键因素，以及与之对应的 TCP 层次的变化情况上。

从上面的观点来看，影响较大的是使用大量的计算机集群进行分布式处理的过程。此类分布处理的过程是，由主机（master）和大量工作机（worker）组成的计算机集群并行处理可以同时处理的任务，以此来实现高速化处理。这些技术中具有代表性的例子就是名为 MapReduce 的算法技术，下面将以此算法为例来进行说明。

此算法的处理流程基本就是重复 Map 逻辑和 Reduce 逻辑。Map 是指主机将输入的任务拆分，然后分配给多台工作机，各台工作机计算分配给自己的任务并得到结果，将其返回给主机。Reduce 则是主机将 Map 过程中收到的数据汇集起来并输出结果数据，然后进入下一阶段。此方法可以通过提高节点个数，进一步提升处理速度，因此在大规模数据处理中十分有效，目前已经变得十分流行。

如果从通信流量的视角来看，MapReduce 算法的特点就是，由主机同时发送数据到各台工作机，然后各台工作机在处理完数据后把相应的结果返回给主机，也就是说，会有**周期性爆发性流量**出现。

[问题] 针对缓冲区的互斥的需求条件

数据中心中一般都有各种各样的服务在运行，也就是说"在数据中心内部，同时有多种多样的流量在服务器之间通信"。而且，不同的服务，其对应流量的特点和进行数据传输时要求的条件也不一样。

其中较为典型的流量类型，主要是"虽然要求低时延，但是数据量比较少"的流量类型，以及"虽然对时延没有要求，但是数据量比较大"的流量类型。如果想同时支持这两种流量，就需要对网络设备和协议提出完全相反的要求。简单来说，如果想确保低时延，就需要减小缓冲区，以防止各台交换机出现队列时延增大的问题；但如果想准确无误地发送来自数据量较大的网络流的数据包，又需要对各台交换机的缓冲区大小有一定要求。不仅如此，考虑到之前提到的分布式处理时的爆发性流量，也必须确保有一定大小的缓冲区，这样才能提高爆发耐性。

那么，从 TCP 的观点来看，如果要满足这些条件，首先基于丢包的拥塞控制算法就不太合适。这其实与第 6 章介绍的问题一样，其原因就是，基于丢包的拥塞控制算法会一直增大拥塞窗口大小，直到发生数据丢包，这会导致缓冲区被用尽。交换机的缓冲区如果比较小，就会因为缓冲区溢出而频发丢包，而当缓冲区较大时，队列时延就会增大。这样一来，无论如何都无法满足之前提到的两个条件。

此外，即使用上之前提到的 ECN 技术，也只能检测到是否有拥塞发生，无法知道拥塞的程度和持续的时间。如果检测到的拥塞只是瞬时的波动引起的轻度拥塞，就会导致对拥塞窗口大小进行不必要的减小。

[TCP 相关动向] 面向数据中心的拥塞控制

为了解决上面的问题，DCTCP（Data Center TCP，数据中心 TCP）于 2017 年在 RFC 8257 中完成了标准化。DCTCP 正如其名，是面向数据中心的 TCP 拥塞控制技术，其中制定了 ECN 的扩展技术。简而言之，过去的 ECN 只能简单地检测出是否发生了拥塞，而 DCTCP 会测算发生拥塞的字节比例，然后基于这一比例调节拥塞窗口大小。

具体来说，就是将 DCTCP.CE（DCTCP Congestion Encountered，DCTCP 拥塞遭遇）这一新的比特位变量，用在管理连接状态的 TCB（Transmission Control Block，传输控制块）上。在返回 ACK 时，如果 DCTCP.CE 为 TRUE，就将 TCP 首部中的 ECE（ECN-Echo）标志设为 1。然后根据收到的数据包中代表检测到拥塞的 CE 比特位和 DCTCP.CE 的值，调整返回 ACK 时的行为。当 CE 为 TRUE 且 DCTCP.CE 为 FALSE 时，就将 DCTCP.CE 设为 TRUE，返回 immediate ACK；当 CE 为 FALSE 且 DCTCP.CE 为 TRUE 时，就将 DCTCP.CE 设置为 FALSE，返回 immediate ACK。

最终的状态变迁如图 7.20 所示。接收 ACK 的发送方使用 *DCTCP. Alpha* 这个新变量来推算发生拥塞的字节比例。使用以下的公式计算 *DCTCP.Alpha*。

$$DCTCP.Alpha = DCTCP.Alpha \times (1-g) + g \times M$$

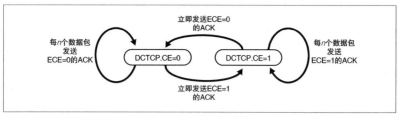

※ 参考:《数据中心 TCP(DCTCP):面向数据中心的 TCP 拥塞控制》[Data Center TCP (DCTCP): TCP Congestion Control for Data Centers](RFC 8257)

图 7.20 DCTCP 中 ACK 的生成

在上面的公式中,g 是事前设定好的参数,其取值为 0 和 1 之间的实数。M 代表的是在与 *RTT* 长度一样的观测窗口中接收到的 ACK 之中,ECE 标志被置位的字节占总字节数量的比例。计算出来的 *DCTCP.Alpha* 则用于下面公式中的拥塞窗口大小的计算。换句话说,这个过程就是根据拥塞的程度调整拥塞窗口的大小。

$$cwnd = cwnd \times \left(1 - DCTCP \cdot \frac{Alpha}{2}\right)$$

DCTCP 大致上就是通过以上技术,使用缓冲区大小的小切换来实现高爆发耐性和高吞吐量。但是,DCTCP 显然只可以在数据中心之类的受管理的环境下使用。总而言之,DCTCP 就是为了解决数据中心等特殊环境中发生的问题,基于对其特殊性的考虑而开发出来专有拥塞控制算法。目前 DCTCP 的开发和应用时间仍然很短,今后想必一定会有更加广泛的应用和改良。

7.5

自动驾驶
追求高可靠性与低时延、大容量的通信性能

　　以规避冲突等辅助驾驶功能为契机，汽车的发展进一步加速。为了支持自动驾驶，不仅车辆自身的性能比较重要，通信也发挥着相当重要的作用。下面将简单介绍实现自动驾驶的技术，以及其与 TCP 之间的关系。

[背景] 以普及自动驾驶为目的的技术

　　自动驾驶指的是由系统来完成人类驾驶时进行的各种行为（**认知、判断、操作**）。其核心技术便是通过 GNSS（Global Navigation Satellite System，全球导航卫星系统）、摄像头、雷达和传感器等传感设备和信息通信技术，一边识别道路形态、移动物体（车辆、行人），以及建筑物等周边环境，一边进行自动驾驶控制。

■———— 自动驾驶分级

　　自动驾驶按照难易度分为若干个等级。表 7.1 展示的便是由美国非营利组织 SAE（Society of Automotive Engineers，美国汽车工程师协会）定义的自动驾驶分级的例子。

　　表中定义了等级 0 到等级 5 总共 6 个级别：在等级 0 到等级 2，驾驶者是主体，部分驾驶任务交由车辆系统辅助完成；而在等级 3 到等级 5，由系统作为主体完成驾驶任务，虽然当系统很难完成任务或者遇到危险的情况时，需要驾驶者介入进行处理，但其实等级 5 的目标是完全自动驾驶。从等级 3 开始，系统需要感知和预测车辆的行驶情况和危险，并将结果数据反馈到驾驶上，因此技术上的实现难度很高。

表 7.1 自动驾驶分级

等级	概要	与安全驾驶相关的监控、处理主体
驾驶人完成部分或者全部动态驾驶任务		
等级 0	・驾驶人完成全部动态驾驶任务	驾驶人 无自动驾驶
等级 1	・系统仅在限定范围内完成横向或者纵向车辆运行控制子任务	驾驶人 辅助驾驶
等级 2	・系统在限定范围内完成横向和纵向车辆运行控制子任务	驾驶人 部分自动驾驶
自动驾驶系统（工作时）完成全部动态驾驶任务		
等级 3	・系统在限定范围内完成全部动态驾驶任务 ・在难以继续工作时，驾驶人需要响应系统的介入请求等	系统 有条件自动驾驶 （在无法工作时由驾驶人驾驶）
等级 4	系统完成全部动态驾驶任务，并在限定范围内完成在难以继续工作时的处理任务	系统 高度自动驾驶
等级 5	系统完成全部的动态驾驶任务，同时不受限地（即在非限定范围内）完成难以继续工作时的处理任务	系统 完全自动驾驶

※ 动态驾驶任务（DynamicDriving Task，DDT，J3016 相关用语的定义）：

在道路交通中，除行程规划和目的地选择等策略上的功能以外，驾驶车辆之时需要实时完成的所有操作和决策上的功能，包含但不限于以下子任务。

1. 控制方向盘进行横向的车辆运动控制。

2. 通过加速或减速进行纵向的车辆运动控制。

※ 出处：《日本官民 ITS 构想路线图 2018》

    不同的国家、不同的机构在详细的等级划分方面并不完全一致，因此需要进行统一整理，但是在驾驶人究竟在多大程度上参与到驾驶中这个方面，以及事故发生时责任如何划分这个方面，目前业内正在进行详细且严肃的讨论。近些年来，冲突回避和加速或方向盘控制等部分自动系统作为初级阶段的辅助驾驶手段开始被引入到当前上市的车辆中。目前，政府和民众正在齐心协力推进完全自动驾驶的实现，其中也包括法律方面。

─── 无线通信所承担的职能　V2N、V2V、V2I、V2X、V2P

    要实现自动驾驶，无线通信毫无疑问承担着十分重要的作用。近年已有使用移动网络进行通信（Vehicle-to-cellular Network，V2N），并进行软件升级等的汽车上市销售。几年以后，车辆间通信（Vehicle-To-Vehicle，

V2V）和车辆道路间通信（Vehicle-to-Infrastructure，V2I）等形态的通信想必也一定会普及。要想规避与行人之间的冲突，人车之间的通信（Vehicle-to-Pedestrain，V2P）也十分重要。这些技术总称为 **V2X**（Vehicle-to-Everything）（图 7.21）。

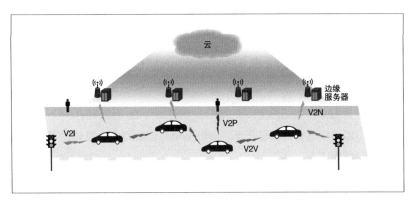

图 7.21 自动驾驶通信

━━━━ 对通信性能的要求 高可靠性、低时延、大容量

近些年来，摄像头和传感器已经成为汽车的标配，这些设备主要用来收集自己所能认知范围内的数据信息。如果将这些信息与利用 V2X 技术通信所得到的数据合并起来进行分析，一定可以得到远超原先范围、更加广阔的四周交通情况。按照这样的趋势继续发展下去，就可以期待出现更高程度的自动驾驶。自动驾驶汽车要想做到及时获取与周边情况相关的数据并将数据反馈到驾驶控制中，显然就必须要有高可靠性、低时延、大容量的通信性能，这些正是 5G 中提出的通信性能。

在"大容量"方面，如果考虑到迄今为止的无线通信技术的发展情况，那么可以认为其实现的可能性相当高。难题在于如何实现"低时延"。

目前 MEC 技术被认为十分有前景。MEC 是指，将服务器配置在本地区域内，并让流量只在本地区域内流动，与此同时通过本地服务器完成一系列的处理运算。

在通常情况下，通信链路是移动设备→互联网→云服务器→互联网→移动设备，但在引入 MEC 技术之后，通信链路可以简化为移动设备→边缘服务器→移动设备，因此这项技术可以说实现了端到端的低时延化（图 7.21）。MEC 不仅有助于减少通信时延，而且由于其减少了互联网上不必要的数据发送，所以也可以减少整个互联网上的网络流量。

[问题] 高速移动时的高可靠性通信　　把握实现自动驾驶的命脉——可靠性

最后是有关"高可靠性"的部分。在考虑 V2X 通信时有一个情况需要注意，即由于通信对象是汽车，所以整个通信过程会**一直处在不稳定的高速移动环境**之中。

在移动的环境中，电波不仅会发生激烈变化，而且还会与声波一样产生多普勒效应。毫无疑问，如何使这种严苛环境中的通信更加稳定，便是使用 V2X 实现自动驾驶的最核心的问题。

补偿劣化信号的信号处理技术，以及选择与哪辆汽车或者基站进行通信等多个领域相关的研究，目前都在如火如荼地进行中。

3GPP Release 14 中制定了针对 V2X 的技术文档。其中，关于时延方面的主要要求，V2P/V2P/V2I 是 100 ms，而 V2N 是 1 秒。虽然与 5G 的目标 1 ms 相比，这些时延要求较大，但由于其可以利用现有的 4G 基础设施，以及无线区域目前已经普及且能覆盖更为广阔的区域，所以也一定会有许多适合的应用场景。

使用 5G 网络进行研究的示例之一，便是进行如下的实证实验：使用 V2X 来完成卡车的队列行进过程的自动化（图 7.22）。经由互联网使用 V2N 技术，进行远距离的监视和控制，实现卡车之间的车辆间通信。通常来说，使用某个通信运营商的网络这类闭环网络进行控制是比较现实的。然而如果要进行远程控制，可能必须要经过外部网络。

如果使用外部网络，就必须考虑拥塞。此时，"低时延和可靠性两者兼得"显然是一个非常重大的课题。

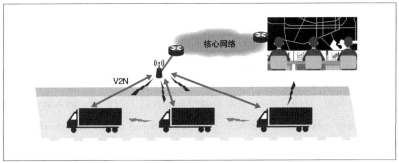

※ 参考:《针对 2020 年实现 5G 的举措》(日本总务省)

图 7.22 高速移动环境 V2X 的远程控制示例

[与 TCP 的关系] 关于确保可靠性　结合规模考虑"时延"与"拥塞控制"

业内已经针对"时延"进行了多次讨论,但根据讨论的规模不同,所面临的问题和需要的技术都会有很大不同。

如果只涉及**传输区间(有线/无线)**,便可以考虑使用帧格式重定义,以及低计算量且高可靠性的信号处理等技术。

如果涉及**网络规模**,可以考虑引入边缘计算,或者根据服务的要求使用网络分片进行带宽控制的技术等。当自动驾驶的自动化程度加深之后,收发视频、地图信息等大量数据的能力显然也不可或缺。这样的话,各种各样的网络流量就会通过自动驾驶这一媒介进入到网络之中。其结果就是,"使用网络控制技术进行对应的处理"会成为新的难题。不仅如此,随着远程控制规模的扩大,只要其中的过程需要经过互联网,那么**拥塞控制便是必不可少的**。按照这种思路考虑,我们一定能看到关于TCP 发展的启示。

7.6

小结

如本书所述，TCP/IP 在 20 世纪 80 年代便已成形，之后随着互联网的普及逐渐推广开来，并一直发展到现在。在这个过程中，随着新技术和服务的出现，TCP 进行了各种各样的改良，最后才确定了现在使用的诸多技术。第 2 章介绍了这一发展的来龙去脉。

此外，从本书第 4 章到第 6 章主要关注的拥塞控制算法来说，自为了规避拥塞崩溃问题而引入 Tahoe 算法以来，各种算法随着应用程序和通信环境的变化被开发出来。

首先，如第 5 章所述，虽然一直以来作为标准使用的是 Reno 和 NewReno，但是随着近些年来互联网环境的变化，即传输速率高速化，云服务普及，名为长肥管道的宽带、高时延环境普及等，Reno 和 NewReno 出现了带宽利用效率较低的问题。

针对这些问题，CUBIC 被开发了出来。CUBIC 通过简单的算法实现了强扩展性、RTT 公平性，以及与现有算法的亲和性。目前 CUBIC 已经是 Linux 中默认支持的算法，并且已经成为主流的拥塞控制算法之一。

随后，如第 6 章所述，存储成本的下降与通信速度的提升使得交换机、路由器等网络设备中搭载的缓冲区存储容量增大，随之暴露出来的问题便是，基于丢包的拥塞控制算法由于缓冲区时延增大导致吞吐量下降。针对这一问题，以 RTT 为指标的基于延迟的拥塞控制算法 BBR 被新开发出来，并逐渐发展起来。然而，以上各种各样的优秀算法都有各自的特点，它们适应的环境也各不相同。因此，我们无法断言哪种算法更加优秀，而是需要根据具体环境选择合适的算法与技术。

接下来，本章则为了详细叙述现在和未来的 TCP 相关技术的发展变化情况，介绍了一些与 TCP 相关联的、公认的较为重要的具体应用事例，主要有 5G、物联网、数据中心和自动驾驶这 4 种。针对这些应用事例，本章不仅介绍了技术和社会方面的背景和产生的相应问题，还详细阐述了 TCP 相关的动向。此外，本章还介绍了在这些应用场景下，业界为了满足不同的全新通信环境和需求条件而研究讨论具体方案的情况。

　　这些并非是过去的历史，而是当前正在发生的，换句话说，它们是正在开发推广并在逐步推进之中的技术，今后也很可能会根据具体情况而不断发展变化。无论如何，TCP 目前在各种领域被广泛使用，今后也会是重要的通信协议之一。倘若读者能通过本书学习到 TCP 的基本技术，以及至今为止的发展历程，想必一定可以更轻松地把握 TCP 未来可能会发生的各种变化。

参考资料

- 《The 2018 Ethernet Roadmap》（Ethernet Alliance，2018）.
- Cisco Systems, Inc., . Cisco Visual Networking Index: Forecast and Trends, 2017—2022 [R/OL]. 2018.
- 《数据中心 TCP（DCTCP）：面向数据中心的 TCP 拥塞控制》（RFC 8257）.
- 《IMT 愿景——2020 年及之后 IMT 未来发展的框架和总体目标》（国际电信联盟，2015 年 9 月）.
- K. Nguyen，M. G. Kibria，J. Hui，et al. Minimum Latency and Optimal Traffic Partition in 5G Small Cell Networks [J]. 2018 IEEE 87th Vehicular Technology Conference (VTC Spring)，Porto，pp.1-5，2018.
- 首相官邸 . 官民 ITS 構想・ロードマップ 2018 [EB/OL]. 2018.
- 総務省 . 2020 年に向けた 5 G 及び ITS・自動走行に関する総務省の取組等について [EB/OL]. 2017.
- 総務省 . 2020 年の 5G 実現に向けた取組 [EB/OL]. 2018.
- 樋口拓己，吉野正哲，新宮秀樹，等 . 5G に向けた高精細映像伝送に関する取り組み [J]. 信学技報，vol.118，no. 254，RCS2018-168，pp.95-100，2018.

版 权 声 明